陆军勤务学院学术专著丛书

含噪信号的相位差测量方法及应用

沈廷鳌　陈　鹏　管　亮　沈艳林　张海涛　著

中国石化出版社

内 容 提 要

噪声背景中信号的检测与参数估计技术是雷达、声呐、通信、故障诊断等领域信号处理中的重要问题。本书旨在总结作者在相位差测量领域的多年研究成果，并吸纳国内外的最新研究进展，系统论述了相位差在时域和频域方面存在测量误差的原因，重点讨论了不同抑制相位差测量误差手段的基本理论、方法和技术，并结合科氏流量计实验平台进行了方法的应用验证分析。全书共7章，内容包括相位差测量方法的概述、基于相关的信号相位差测量方法、基于相频匹配的信号相位差测量方法、基于DTFT的信号相位差测量方法、基于FFT的信号相位差测量方法、实复转换式信号相位差测量方法及在科氏流量计中的工程应用分析。部分章节在理论分析的基础上，给出了计算机仿真实验结果及仿真程序，便于读者理解和应用。

本书可作为高等理工科院校相关专业高年级本科生、研究生和教师的参考书，也可供从事机械、仪器仪表、电力系统、故障诊断等领域的科研人员和工程技术人员使用。

图书在版编目(CIP)数据

含噪信号的相位差测量方法及应用 / 沈廷鳌等著.
— 北京：中国石化出版社，2023.4
ISBN 978-7-5114-7025-6

Ⅰ.①含… Ⅱ.①沈… Ⅲ.①质量流量计-研究
Ⅳ.①TH814

中国国家版本馆 CIP 数据核字(2023)第 061363 号

中国石化出版社出版发行

地址：北京市东城区安定门外大街58号
邮编：100011 电话：(010)57512500
发行部电话：(010)57512575
http://www.sinopec-press.com
E-mail:press@sinopec.com
北京富泰印刷有限责任公司印刷
全国各地新华书店经销

*

710×1000 毫米 16 开本 11.25 印张 178 千字
2023 年 7 月第 1 版 2023 年 7 月第 1 次印刷
定价：48.00 元

前　言

在石油与天然气工程等领域，油气流量计量占有重要地位。精确的计量有利于减少人力、物力和财力的消耗，进而提高油料保障的速度和效率。在高精度流量测量领域得到广泛应用的科氏流量计，就是通过测量两路传感器输出信号之间的相位差(时间差)来计算流体的质量流量。然而，现有的相位差测量方法存在计算量较大、计算复杂、实时性和计算精度较差等问题，已不能满足复杂环境高精度流量测量领域的需求。本书致力于相位差测量方法的研究，主要目标是提高科氏流量计的流量测量精度和动态响应速度；对其他相位差测量精度和实时性要求较高的场合，诸如在信号分析、工业测量、故障诊断、电力系统、通信等领域也具有重要的理论和实际意义。

本书总结了作者在相位差测量领域的多年研究成果，比较系统、全面和准确地论述了相位差测量的相关理论和方法。在内容上，力求反映当前相位差测量方法的理论发展，着重系统地阐述基础理论和各种校正方法，重视实际工程应用。在叙述上，注重理论推导、仿真分析与工程实际相结合，力求思路清晰，深入浅出；理论推导严谨而不烦琐，尽量以图文结合形式呈现出来，让读者易于接受和理解；同时，在书中引入具有代表性的工程实例进行详细分析，可供相关研究人员和工程技术人员在工程实践中参考。全书宗旨是力求实现学术性、参考性和实用性的有效结合。

本书共分为7章。第1章是概述，介绍了相位差测量在工程实践中的重要作用及对其精度的需求，综述了国内外相位差测量方法的概况和发展趋势。第2~7章分别从时域和频域两方面，讨论、推导和分析了相位差测量的原理和方法及其在工程中的应用。第2章从时域方面，在分析相关法存在相位差测量误差的基础上，介绍了三种基于相关的非整周期信号相位差测量方法，详细阐述了三种方法的基本原理及实现流程，并分别探讨了不同信噪比和不同相关长度情况下对三种方法相位差测量精度的影响。第3章从时域方面，针对持续时间短、非半周期采样、低信噪比条件下采样信号的相位差估计问题，介绍了相位差估计的相频匹配方法原理，阐述了基于数据延拓和Hilbert变换的相位差估计相频匹配算法、基于相位校正互相关的相位差估计相频匹配算法和基于变频DTFT的相位差估计相频匹配算法，推导了正弦信号相位差估计值均方误差的理论下限，并对所述算法进行了计算验证和计算复杂度分析。第4章从频域方面，应用误差理论，阐述了噪声背景下DTFT法的相位差测量误差公式，并分析了极端频率信号中负频率成分的影响机理，介绍了一类基于DTFT的极端频率信号相位差测量方法，详细阐述了加不同窗(矩形窗、汉宁窗、卷积窗)函数的相位差计算公式，并分别探讨了有无噪声和采样点数变化情况下对相位差测量精度的影响。第5章从频域方面，应用误差理论，阐述了噪声背景下FFT法的相位差测量误差公式，介绍了一类基于FFT的极端频率信号相位差测量方法，详细阐述了加不同窗(矩形窗、汉宁窗、卷积窗)函数的相位差计算公式，并分别探讨了有无噪声和采样点数变化情况下对相位差测量精度的影响。第6章从频域方面，根据实复转换式测量原理，介绍了两种实复转换式相位差测量方法，分别阐述了流程步骤，完成了性能分析，并进行了计算验证。第7章是进一步证实所述相位差测量方法的实际贡献，利用课题组研制的科氏流量计实验平台，在平稳流量和非平稳流量情况下，将本书所述时频域方法同以往方法进行了对比实验验证。

最后要感谢所有在本书编写过程中给予帮助和支持的人们。在理论的连续性、严谨性和系统性方面，本书得到了涂亚庆教授的指导，在此表示真切的感谢。同时，也非常感谢李明、黄思宇、李泽龙、张杨、罗媛媛、刘翔宇、周毅、梅林、段宇恒、陈丽薇、管金发、沈大郅、王魁、郑子云参与本书资料的收集工作，以及部分章节的撰写、整理、检查、排版和校正等工作。

本书是研究团队对负责承担的重庆市自然科学基金、重庆市教委科技项目等项目研究成果的系统总结(计及负频分量的高精度 FFT 参数估计方法及应用基础研究，编号 CSTC2019jcyj-msxmX0628；复杂信号频率和相位差估计的相频匹配机制和方法，编号 CSTC2015jcyjBX0017；基于相关特性的短时信号相位差估计方法及应用基础，编号 KJQN202112902)。本书的出版也得到了陆军勤务学院创新团队的支持，在此一并表示感谢。

限于作者水平，书中有不少不足之处，恳请读者和专家批评指正。

作　者

目　　录

1 概　　述

1.1 背景及意义

面对当前能源紧张的挑战，对油料计量的要求也越来越高。精确的计量有利于减少人力、物力和财力的消耗，进而提高油料保障的速度和效率，其中，计量的方法以及所采用的仪器仪表是实现精确计量的关键因素之一。

在石油与天然气工程领域，科氏流量计已成为当前研究最多、发展最为迅速、最具代表性的质量流量计之一，具有广阔的应用前景[2]。与其他类型的流量计相比，科氏流量计具有以下优点[3]：

（1）直接高精度测量流体质量流量；

（2）实现多参数测量；

（3）测量流体范围广；

（4）不受被测介质物理参数、管内流态等因素影响；

（5）易于安装、维护和保养。

随着科学技术的发展以及智能化水平的提高，科氏流量计已经在石油、化工、电力、航天、制药、造纸、食品等行业得到了广泛应用。

在油气流量计量中得到广泛应用的科氏流量计，通过测量两路传感器输出信号之间的相位差(时间差)来计算流体的质量流量。对科氏流量计的信号进行处理，关键在于准确求出信号的频率和相位差[2,4-12]。其中，现有的频率估计方法能初步满足实际应用的要求，然而，现有的相位差测量方法存在计算量较大、计算复杂、实时性和计算精度较差等问题，已不能满足复杂环境高精度流量测量领域的需求。

此外，相位差测量在故障诊断、测试控制、电力电子、导航定位、通信、雷达等领域均有着重要且广泛的应用。例如，电网电能计量中功率因素的确定，涉及相应电压与电流间相位差的准确测量[13]；在高精度的雷达精密定位上，依赖于对同频信号相位差的高精度测量[14]；在高精度流量测量领域得到广泛应用的科氏流量计，相位差的测量精度直接影响流体质量测量精度[15]。因此，实现对相位差的高精度测量显得尤其重要。

为实现相位差的高精度测量，本书在分析现有相位差测量方法的基础上，着重研究了相位差测量的相关法、相频匹配法、DTFT 法、FFT 法和实复转换式法。第一，分析了相关法存在相位差测量误差的原因，介绍了三种基于相关的非整周期信号相位差测量方法，以提高相关法相位差测量的实时性和测量精度。第二，针对持续时间短、非半周期采样、低信噪比条件下采样信号的相位差估计问题，介绍相位差估计的相频匹配方法原理，旨在提高采样信号的相位差估计精度，改善相位差估计的抗噪性和实时性。第三，在分析 DTFT 法和 FFT 法存在相位差测量误差的基础上，分别介绍了一类基于 DTFT 法和 FFT 法的极端频率信号相位差测量方法，以进一步提高 DTFT 法和 FFT 法相位差测量的实时性和测量精度。第四，为进一步抑制信号中频谱泄漏的影响，提高相位差测量精度，根据实复转换式测量原理，介绍了两种实复转换式相位差测量方法。第五，利用课题组研制的科氏流量计实验平台，对所述的代表性相位差测量方法开展了应用验证。

本书所研究的方法有助于打破国外公司对科氏流量计的技术封锁，促进科氏流量计产品的国产化及应用推广，不仅适用于石油与天然气工程领域，对其他相位差测量精度和实时性要求较高的场合，诸如通信、雷达、电力、设备状态监测与故障诊断等领域，也具有重要的理论和现实意义。

综上所述，本书研究在石油与天然气工程领域，特别是对提高军队精细化油料保障能力，具有重要的理论意义和实用价值。

1.2 相位差测量方法综述

相位差估计是通过对两路采样信号进行信号变换提取两路信号的初相位偏差信息的信号处理方法。按信号处理的方式可分为时域方法和频域方法；按信号变换方式的不同主要包括互相关方法、正交时延估计方法、Hilbert 变换方法、频谱分析方法、正交解调方法等。

1.2.1 互相关方法

互相关(Cross-Correlation，CC)方法通过两路采样信号的互相关和自相关计算相位差估计值，典型方法主要有互相关算法、数据延拓式互相关算法、移相相关算法等。

为获得两路信号的相位差，互相关算法[16-18]对两路信号进行时延为零的相关运算，获得互相关信号 $r_{xy}(0)$ 、自相关信号 $r_{xx}(0)$ 和 $r_{yy}(0)$ 分别为：

$$\begin{cases} r_{xy}(0) = \dfrac{1}{N}\sum\limits_{n=0}^{N-1} x(n)y(n) \\ r_{xx}(0) = \dfrac{1}{N}\sum\limits_{n=0}^{N-1} x^2(n) \\ r_{yy}(0) = \dfrac{1}{N}\sum\limits_{n=0}^{N-1} y^2(n) \end{cases} \tag{1.1}$$

利用式(1.2)计算两路信号的相位差。

$$\Delta\theta = \theta_2 - \theta_1 = \cos^{-1}\left(\frac{r_{xy}(0)}{\sqrt{r_{xx}(0)r_{yy}(0)}}\right) \tag{1.2}$$

该方法无须预知采样信号的频率即可获得两路信号的相位差估计值，计算原理简单，计算量小，实时性较好。

文献[19]对 $r_{xy}(0)$ 、$r_{xx}(0)$ 和 $r_{yy}(0)$ 进行了理论分析，得到 $r_{xy}(0)$ 、$r_{xx}(0)$ 和 $r_{yy}(0)$ 的期望值为：

$$\begin{cases} E[r_{xy}(0)] = \dfrac{AB}{2}\cos(\theta_1 - \theta_2) + \varepsilon_{xy} = \dfrac{AB}{2}\cos(\theta_1 - \theta_2) + \dfrac{AB}{2N}\sum\limits_{n=0}^{N-1}\cos(2\omega n + \theta_1 + \theta_2) \\ E[r_{xx}(0)] = \dfrac{A^2}{2} + \varepsilon_{xx} + \sigma^2 = \dfrac{A^2}{2} + \dfrac{A^2}{2N}\sum\limits_{n=0}^{N-1}\cos(2\omega n + 2\theta_1) + \sigma^2 \\ E[r_{yy}(0)] = \dfrac{B^2}{2} + \varepsilon_{yy} + \sigma^2 = \dfrac{B^2}{2} + \dfrac{B^2}{2N}\sum\limits_{n=0}^{N-1}\cos(2\omega n + 2\theta_2) + \sigma^2 \end{cases} \tag{1.3}$$

由式(1.3)可以看出，$r_{xy}(0)$ 、$r_{xx}(0)$ 和 $r_{yy}(0)$ 的期望分别含有误差项 ε_{xy}、ε_{xx} 和 ε_{yy}，且噪声的自相关使得 $r_{xx}(0)$ 和 $r_{yy}(0)$ 含有噪声的自相关项 σ^2。当信号长度满足半周期采样时，ε_{xy}、ε_{xx} 和 ε_{yy} 才恰好等于零；反之，ε_{xy}、ε_{xx} 和 ε_{yy} 不等于零。因此，当采样信号非半周期采样时，即使在没有噪声的情况下，利用 $r_{xy}(0)$ 、$r_{xx}(0)$ 和 $r_{yy}(0)$ 计算得到的相位差也为有偏估计。除了 ε_{xy}、ε_{xx} 和 ε_{yy} 的影响外，$r_{xx}(0)$ 和 $r_{yy}(0)$ 还存在噪声的自相关项 σ^2，这导致互相关算法的相位差估计值为有偏估计，抗噪性较差，且受反余弦非线性误差的影响，当两路信号的相位差接近0时，互相关算法的相位差估计性能较差。

数据延拓式互相关(Data Extension Cross correlation, DEC)算法[20]通过对非半周期采样信号进行数据延拓，使计算互相关信号和自相关信号的数据长度接近半周期采样，并利用互相关算法计算两路采样信号的相位差。

该算法通过数据剔除或者数据延拓两种方式使采样信号接近半周期采样，确保互相关信号和自相关信号的误差项接近于零，以提高高信噪比条件下采样信号相位差的估计精度。

数据延拓式互相关算法有效抑制了采样信号的非半周期采样对相位差估计的影响，提高了高信噪比条件下互相关算法的相位差估计精度，但由于数据延拓式互相关算法计算相位差时仍采用互相关算法，未能克服噪声自相关和反余弦非线性误差对相位差估计的影响，所以在两路采样信号的相位差较小或者信噪比较低的条件下，该算法相位差估计性能较差[21]。

为解决低信噪比或者相位差较小条件下互相关算法相位差估计性能较差的问题，移相相关算法通过移相自相关和移相互相关计算两路采样信号的相位差[22,23]。移相相关算法利用采样信号及其时移信号构造了新的自相关函数 R_x 和 R_y 为：

$$\begin{cases} R_x = \dfrac{1}{N_0}\sum\limits_{k=1}^{N_0} x(k)x(k+n) \\ R_y = \dfrac{1}{N_0}\sum\limits_{k=1}^{N_0} y(k)y(k+n) \end{cases} \tag{1.4}$$

式中 $x(k+n)$ 表示 $x(k)$ 移相 2π 后得到的信号。

由于不同时刻的噪声是互不相关的，所以式(1.4)可以化简为：

$$\begin{cases} R_x \approx \dfrac{A_x^2}{2} + \dfrac{1}{N_0}\sum\limits_{k=1}^{N_0} N_x(k)\ N_x(k+n) \\ R_y \approx \dfrac{B_y^2}{2} + \dfrac{1}{N_0}\sum\limits_{k=1}^{N_0} N_y(k)\ N_y(k+n) \end{cases} \tag{1.5}$$

由式(1.5)可知，移相自相关信号不再含有噪声的自相关项。因此，移相自相关有效抑制了噪声对自相关信号的影响。

为了提高相位差的估计精度，移相相关算法根据反余弦特性通过将 $x(k)$ 或者 $y(k)$ 移相 $\Delta\theta_x$ 或者 $\Delta\theta_y$，使移相后两路信号的相位差接近 $\dfrac{\pi}{2}$ 或者 $\dfrac{3\pi}{2}$，再根据移相后两路信号的相位差计算原两路信号的相位差。

文献[24]推导了 SNR 远大于 1 的条件下相位差估计值均方误差的理论表达式为：

$$\mathrm{MSE}(\hat{\phi}) \leqslant \frac{2+\sin^2(2\pi/n)}{N_0 SNR\cos^2(2\pi/n)} + \left[\frac{\pi}{2} + \tan\left(\frac{2\pi}{n}\right)\right]^2 \delta_{\mathrm{f}}^2 \tag{1.6}$$

移相相关算法通过移相自相关降低了噪声对自相关信号的影响，改善了互相关算法相位差估计的抗噪性；通过移相互相关提高了两路信号相位差接近0或者π时相位差的估计精度。为实现相位差估计的无偏估计，该算法要求准确移相2π且移相自相关信号长度和移相互相关信号长度满足半周期采样。当相移角度不为2π或者移相自相关和移相互相关的相关长度不满足半周期采样时，移相相关算法的相位估计为有偏估计，相位差估计误差较大。

1.2.2 正交时延估计方法

正交时延估计(Quadrature Delay Estimator，QDE)方法通过对采样信号的时移获得采样信号的正交分量，利用两路采样信号及其正交分量的互相关计算相位差估计值。文献[25]通过对采样信号时移Δ个采样点获得采样信号 $x_1(k)$ 的正交分量 $x_1(k-\Delta)$，如式(1.7)所示。

$$x_1(k-\Delta)=A_1\sin(k\omega+\theta_1) \tag{1.7}$$

利用 $x_1(k)$ 及 $x_1(k-\Delta)$ 计算两路信号的相位差，得到相位差估计值 $\theta_1-\theta_2$ 为：

$$\theta_1-\theta_2=\tan^{-1}\left(\frac{Q_{m1}}{Q_{m2}}\right) \tag{1.8}$$

式中 $Q_{m1}=\dfrac{1}{N-\Delta}\sum_{k=\Delta}^{N-1}x_1(k-\Delta)\,x_2(k)$，$Q_{m2}=\dfrac{1}{N-\Delta}\sum_{k=\Delta}^{N-1}x_1(k)\,x_2(k)$。

文献[26]分析了正交时延估计算法有偏估计产生的原因，得出结论：在采样频率满足采样信号90°相移的条件下，Q_{m1} 和 Q_{m2} 中的误差项 $\dfrac{A_1A_2}{2(N-\Delta)}\sum_{k=\Delta}^{N-1}\sin(2k\omega+2\theta-\phi)$ 和 $\dfrac{A_1A_2}{2(N-\Delta)}\sum_{k=\Delta}^{N-1}\cos(2k\omega+2\theta-\phi)$ 是造成正交时延估计算法有偏估计的根本原因。为解决这一问题，文献[26]在文献[25]的基础上重新定义了两个互相关信号 Q_{m3} 和 Q_{m4}，分别为：

$$Q_{m3}=\frac{1}{N-\Delta}\sum_{k=\Delta}^{N-1}x_1(k)\,x_2(k-\Delta) \tag{1.9}$$

$$Q_{m4}=\frac{1}{N-\Delta}\sum_{k=\Delta}^{N-1}x_1(k-\Delta)\,x_2(k-\Delta) \tag{1.10}$$

文献[26]的相位差计算公式为：

$$\theta_1-\theta_2=\tan^{-1}\left(\frac{Q_{m1}-Q_{m3}}{Q_{m2}+Q_{m4}}\right) \tag{1.11}$$

改进正交时延估计算法解决了相关长度 $N-\Delta$ 不满足半周期采样对相位差估

计的影响，但是为获得两路信号相位差的无偏估计，该算法要求根据采样信号的频率设置适当的采样频率以准确实现采样信号的 90°相移，仍未改变相位差估计对采样频率的依赖性[27]。

1.2.3 Hilbert 变换方法

Hilbert 变换（Hilbert Transform，HT）方法的基本思想是利用采样信号的 Hilbert 变换对采样信号进行 90°相移，并利用两路采样信号及其 Hilbert 变换计算相位差估计值[28-31]。采样信号的 Hilbert 变换一般借助离散傅里叶变换实现，具体如下：

（1）对 $x(n)$ 做 DFT，得：

$$X(k)=\sum_{n=0}^{N-1}x(n)\ \mathrm{e}^{-j\frac{2\pi}{N}nk} \tag{1.12}$$

（2）令

$$Z(k)=\begin{cases}X(k) & k=0\\ 2X(k) & k=1,\ 2,\ \cdots,\ \dfrac{N}{2}-1\\ 0 & k=\dfrac{N}{2},\ \cdots,\ N-1\end{cases} \tag{1.13}$$

（3）对 $Z(k)$ 做逆 DFT，得：

$$z(n)=\frac{1}{N}\left[\sum_{k=0}^{\frac{N}{2}-1}Z(k)\ \mathrm{e}^{j\frac{2\pi}{N}nk}\right]\approx x(n)\ +j\,\hat{x}(n) \tag{1.14}$$

$x(n)$ Hilbert 变换的理论值 $\hat{x}(n)$ 与 $x(n)$ 频率相同、初相位相差 90°。同理，对采样信号 $y(n)$ 进行 Hilbert 变换，得到其 Hilbert 变换为 $\hat{y}(n)$。文献[32，33]利用 $x(n)$、$y(n)$、$\hat{x}(n)$ 和 $\hat{y}(n)$ 计算两路信号的相位差，得到相位差估计值 $\Delta\theta$ 为：

$$\Delta\theta=\tan^{-1}\left(\frac{\hat{x}(n)y(n)-\hat{y}(n)x(n)}{x(n)y(n)+\hat{x}(n)\hat{y}(n)}\right) \tag{1.15}$$

文献[34-36]分析了 Hilbert 变换的端点效应，并提出了抑制 Hilbert 变换端点效应的方法。文献[37]证明了当采样信号整周期采样时，其 Hilbert 变换不存在端点效应，并针对采样信号的相位差估计问题，提出利用正弦信号的线性预测性质对采样信号进行数据延拓，使其近似整周期采样信号以抑制 Hilbert 变换的端点效应，提高了非整周期采样信号相位差的估计精度。

1.2.4 频谱分析方法

频谱分析方法对两路采样信号进行离散傅里叶变换，并利用采样信号频谱的相位相减获得相位差估计值[38,39]。作为一种典型的频谱分析方法，DFT 方法直接对两路信号进行离散傅里叶变换，得到采样信号 $s_1(n)$ 的 DFT，$S_1(k_0)$ 为：

$$S_1(k_0) = \sum_{n=0}^{N-1} s_1(n)\, \mathrm{e}^{-j\frac{2\pi}{N}nk_0} = \sum_{n=0}^{N-1} \frac{A_1}{2}\left\{ \mathrm{e}^{j\left[\frac{2\pi n}{N}(k_0+\delta)+\theta_1\right]} + \mathrm{e}^{-j\left[\frac{2\pi n}{N}(k_0+\delta)+\theta_1\right]} \right\} \mathrm{e}^{-j\frac{2\pi}{N}nk_0} \tag{1.16}$$

忽略负频率部分的影响，将 $S_1(k_0)$ 近似为：

$$S_1(k_0) \approx \frac{A_1}{2} \cdot \frac{\sin(\pi\delta)}{\sin(\pi\delta/N)} \cdot \mathrm{e}^{j(\theta_1+\pi\delta-\pi\delta/N)} \tag{1.17}$$

同理计算采样信号 $s_2(n)$ 的 DFT 得到 $S_2(k_0)$，并根据 $S_1(k_0)$ 和 $S_2(k_0)$ 计算两路信号的相位差。

DFT 方法有效改善了相位差估计的抗噪性，提高了相位差估计精度。文献[40]分析了采样信号非整周期采样对 DFT 方法相位差估计性能的影响，得出了采样信号非整周期采样条件下 DFT 为有偏估计的结论，并通过改变采样频率等措施实现整周期采样，提高相位差估计性能。文献[41]在传统 DFT 方法的基础上，提出了一种计及负频率影响的 DTFT 算法（Negative Frequency Contribution-based DTFT，NFC-DTFT），该算法通过考虑负频率频谱对相位差估计的影响，有效地提高了非整周期采样条件下采样信号的相位差估计精度。文献[42-44]提出了计及负频率的 DTFT 方法，通过滑动 DTFT、加汉宁窗等措施进一步改善相位差估计性能，文献[45]对计及负频率的 DFT 和 DTFT 相位差估计方法进行了误差分析，得到相位差估计值均方误差的理论表达式：

$$\mathrm{var}(\Delta\theta) = \frac{N\sigma_z^2}{2}\left(\frac{\Delta_{d1}^2}{A_{p1}} + \frac{\Delta_{d2}^2}{A_{p2}}\right) \tag{1.18}$$

分析了相位差估计精度与采样信号的信噪比、信号长度以及频率估计精度的关系，并指出提高采样信号的信噪比、增加信号长度和提高频率估计精度有助于改善采样信号的相位差估计精度。

1.2.5 正交解调方法

正交解调（Quadrature Demodulation，QD）方法最初用于科氏流量计的信号处理，该方法的主要思想是通过对两路采样信号进行正交解调，得到其同相分量和正交分量，利用两路信号同相分量、正交分量的互相关计算相位差估计值[46-48]。为获得两路信号的相位差，正交解调方法用与采样信号频率相同的正弦信号、余弦信号对采样信号 $x(n)$ 进行解调，得到 I_1 和 Q_1 分别为：

$$I_1(n)=x(n)\cos(\omega n)=\frac{A}{2}\sin\theta_1+\frac{A}{2}\sin(2\omega n+\theta_1) \tag{1.19}$$

$$Q_1(n)=x(n)\sin(\omega n)=\frac{A}{2}\cos\theta_1-\frac{A}{2}\cos(2\omega n+\theta_1) \tag{1.20}$$

同理，对采样信号 $y(n)$ 进行解调，得到 I_2 和 Q_2 分别为：

$$I_2(n)=y(n)\cos(\omega n)=\frac{B}{2}\sin\theta_2+\frac{B}{2}\sin(2\omega n+\theta_2) \tag{1.21}$$

$$Q_2(n)=y(n)\sin(\omega n)=\frac{B}{2}\cos\theta_2-\frac{B}{2}\cos(2\omega n+\theta_2) \tag{1.22}$$

正交解调方法利用低通滤波器对 $I_1(n)$、$Q_1(n)$、$I_2(n)$ 和 $Q_2(n)$ 滤波，并利用滤波后的信号计算两路信号的相位差。

文献[49]提出当采样频率能够满足采样信号整周期采样时，误差项 $\frac{A}{2}\sum_{n=0}^{N-1}\sin(2\omega n+\theta_1)$、$\frac{A}{2}\sum_{n=0}^{N-1}\cos(2\omega n+\theta_1)$ 等于零，此时正交解调方法不需要对 $I_1(n)$、$Q_1(n)$、$I_2(n)$ 和 $Q_2(n)$ 进行低通滤波即可得到较高精度的相位差估计值，并通过全相位预处理抑制信号非整周期采样和奇异点对信号解调精度的影响，提高了相位差估计精度。

除互相关方法、正交时延估计方法、Hilbert 变换方法、频谱分析方法、正交解调方法外，相位差估计方法还包括过零检测方法[50]、自适应估计方法[51-53]、小波变换方法[54]等，上述方法均一定程度上提高了采样信号的相位差估计精度，获得了较好的相位差估计性能。

作者认为，在将来的研究工作中，正弦信号的相位差测量方法可从以下几个方面进行深入研究和探讨：

（1）研究噪声背景下，关于微弱信号的相位差测量方法；

（2）研究噪声背景下，关于短时信号的相位差测量方法；

（3）研究噪声背景下，关于时变信号的相位差测量方法；

（4）研究噪声背景下，关于极端频率信号的相位差测量方法。

1.2.6 其他方法

上述介绍方法大都可以通过对两路信号的相位差进行直接计算求得，然而现实中还有很多方法是通过测量初相位，相位差通过两路信号的初相位相减求得。很多求初相位的方法又是基于先求出信号频率。本书重点阐述相位差测量方法的知识，对本书中可能会提及的频率估计方法仅做简要介绍。

信号频率估计也可分为时域法和频域法。时域法主要有线性预测法(Linear Prediction，LP)[55]、自相关法(Autocorrelation)[56]，以及计算量较为复杂的多重信号分类法(Multiple Signal Classification，MUSIC)[57]、旋转不变估计法(Estimating Signal Parameter via Rotational Invariance Techniques，ESPRIT)[58]等。

其中，自相关法是时域中研究最多的算法，通过对信号进行自相关计算得到信号频率，典型算法主要有 Pisarenko 谐波分解法(Pisarenko Harmonic Decomposition，PHD)、扩展自相关法(Expanded Autocorrelation，EA)、两步自相关法(Two-Stage Autocorrelation，TSA)、相频匹配法(Phase & Frequency Matching，PFM)等[59-62]。

相比于 PHD 法，EA 法改善了算法的抗噪性，提高了中低信噪比条件下频率估计精度。但忽略了误差项的影响，频率估计精度仍受信号非整周期采样的影响。PFM 法是目前自相关法中频率估计性能较好的算法，不受信号非整周期采样的影响；但受噪声自相关的影响，算法的抗噪性不强，且该算法采用 TSA 法进行频率粗估计，构造的误差函数较复杂，导致算法的计算量大、实时性较差。

频域法是通过对信号进行频谱分析得到信号频率，典型方法主要有最大似然法(Maximum Likelihood，ML)、频谱插值法(IpDFT)和迭代频谱插值法等[63-65]。

IpDFT 法是频域中研究和应用最广泛的算法。该类算法分两步估计信号频率：频率粗估计和频率精估计[66,67]。首先采用 FFT 法获得粗略的频率估计值，然后通过频谱插值获得偏移量，从而得到精确的频率估计值。为提高频率估计精度，文献[68-76]提出了不同频谱插值算法，如 Candan 法、Fang 法、Leifan 法(LF)等。IpDFT 法有效抑制了频谱的栅栏效应，提高了信号频率估计精度，但在低频或中高信噪比条件下，受频谱泄漏的影响，频率估计精度较低。

针对复信号，AM 法(Aboutanios E & Mulgrew B)[77]是经典算法，该算法通过迭代计算，得到了精确的偏移量，提高了频率估计精度，但在处理实信号时，由于无法抑制频谱泄漏，导致频率估计精度不高。

为抑制频谱泄漏，学者 Djukanovic 在文献[78，79]中提出一种新的频率估计算法(以下称为 Djukanovic 法)，该算法的频率估计精度较高，但容易受滤除负频率成分不彻底的影响，导致在低频或中高信噪比条件下的频率估计精度较低。

为进一步抑制频谱泄漏的影响，学者 Ye 在文献[80，81]中首先在频域减去负频率频谱，然后采用 AM 法迭代计算得到信号频率(以下称为 Ye 法)。该算法有效抑制了频谱泄漏的影响，提高了参数估计精度，是目前频域算法中计算量较低、精度较高、综合性能最好的算法。

1.3 科氏流量计信号处理方法综述

科氏流量计是 20 世纪 70 年代末期由美国 Micro Motion 公司率先研制出的一种新型质量流量计，可以直接高精度地测量流体的质量流量。已经在石油、化工、冶金、食品、造纸、制药等行业得到了越来越广泛的应用，成为当前发展最为迅速的流量计之一。科氏流量计由一次仪表和二次仪表组成。其一次仪表包括测量管、传感器和激振器等。二次仪表又称为变送器，主要包括激振信号发生单元、信号检测和信号处理单元等[82]。

科氏流量计按测量管形状可分为直管型和弯管型，按测量管段数可分为单管型和双管型。常见的测量管形状有直形、U 形、S 形、B 形、Ω 形、Δ 形、O 形、J 形等。如图 1.1 所示为典型的双 U 形管科氏流量计一次仪表的结构。

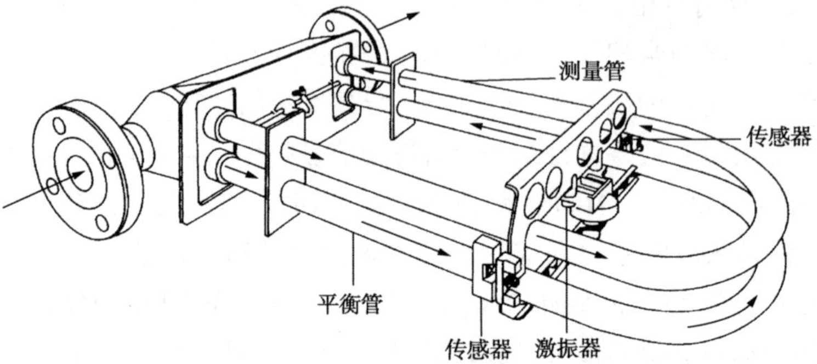

图 1.1 双 U 形管科氏流量计一次仪表的结构

科氏流量计是利用科里奥利(Coriolis)效应实现流量测量的。以 U 形管科氏流量计为例，见图 1.2，在外力的驱使下，U 形管绕 OO 轴按其自然角频率 ω 振动。当流体以匀流速 V 流过 U 形管时，根据质点动力学原理，在 U 形管向上运动时，入口一侧产生向上的科氏加速度，相应的科氏力 F_1 向下作用在管壁上；出口一侧产生向下的科氏加速度，相应的科氏力 F_2 向上作用在管壁上。F_1 和 F_2 大小相等，方向相反，即

$$F_1 = F_2 = F_c = 2mV\omega \tag{1.23}$$

当 U 形管沿 OO 轴转动时，科氏力绕 RR 轴产生力矩 M，转动力臂为 r($r = r_1 = r_2$)，于是

$$M=F_1r_1+F_2r_2=2F_cr=4mV\omega r \tag{1.24}$$

质量流量 q_m 取决于单位时间内通过给定点的流体质量 m，即 $q_m=m/t$；又设U形管直管段的长度为 L，则 $V=L/t$，于是有

$$M=4q_mL\omega r \tag{1.25}$$

力矩 M 引起U形管扭曲，见图1.3，设扭转角为 θ，则扭矩 $T=K_s\theta$，K_s 为U形管的扭转弹性模量。因 $T=M$，故 q_m 与 θ 之间存在如下关系：

$$q_m=\frac{K_s\theta}{4\omega rL} \tag{1.26}$$

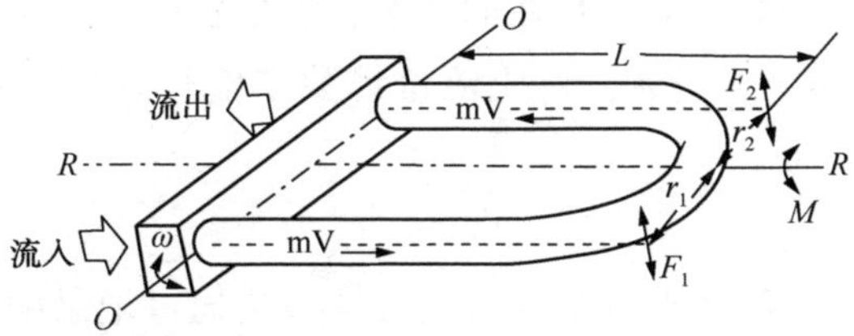

图1.2 U形管受力图

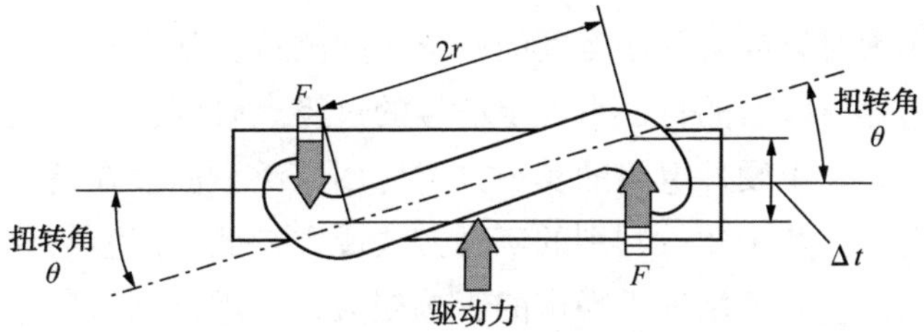

图1.3 U形管受力扭曲图

扭转角 θ 是两侧支管向上和向下越过中心线的时间差 Δt(即U形管转过偏角 2θ 所需的时间)的函数，设测量管通过中心线的速度为 V_t，则

$$\sin\theta=\frac{V_t}{2r}\Delta t \tag{1.27}$$

当 θ 角很小时，近似有 $\sin\theta=\theta$，且此时 $V_t=\omega L$，于是式(1.27)可近似表达为

$$\theta=\frac{\omega L}{2r}\Delta t \tag{1.28}$$

将式(1.28)代入式(1.26)，可得

$$q_m=\frac{K_s\omega L}{8\omega r^2L}\Delta t=\frac{K_s}{8r^2}\Delta t \tag{1.29}$$

由式(1.29)可见，在U形管材料及结构确定的情况下，质量流量 q_m 与时间

差Δt成正比，而与U形管角频率ω无关，即与U形管的振动频率无关。通过两个磁电传感器分别检测两侧支管的振动，输出两路频率相同的正弦信号，计算出其相位差(时间差)，即可求出质量流量。

科氏流量计利用科里奥利效应，通过测量传感器输出的两路同频正弦信号之间的相位差(时间差)来计算流体质量流量。对科氏流量计的信号进行处理，关键在于准确求出信号的频率和相位差。传统的科氏流量计信号处理方法存在测量精度较差、易受噪声干扰、计算量较大、可靠性较差等问题，已无法满足当前实际应用的需求。为此，国内外的相关研究机构积极研究科氏流量计数字信号处理方法，以克服传统信号处理方法存在的不足，满足各种实际应用对科氏流量计性能越来越高的要求[83-85]。当前，科氏流量计数字信号处理方法研究主要集中在以下几个方面。

(1) 过零检测法

过零检测法作为一种经典的信号分析方法，是通过记录两路正弦信号过零点的时间间隔来求解相位差。常见的过零检测法有基于硬件电路和基于软件判别两种实现方式。基于硬件电路的实现方式利用了电路的异或门技术，将两路信号的相位差测量转换为对异或后脉冲宽度的占空比的测量；基于软件判别的实现方式是依据对连续信号离散后的特征来确定信号的过零点时刻，然后把时间间隔转换为对应的相位差。基于硬件电路的实现方式应用广泛，但存在抗噪性能较差、硬件成本较高的问题；基于软件判别的实现方式成本较低，但容易导致过零点错判情况的发生，相位差测量精度受噪声的影响较大。过零检测法原理简单、计算快速，但受噪声的影响较大，抗噪性能较弱，使得该方法在高精度相位差测量中的应用受到了极大限制[86]。

(2) 相关分析法

相关分析法通过计算两路同频信号的互相关函数得到相位差[87-90]。该方法利用了噪声信号通常与有效信号相关性较小，以及噪声之间互不相关的特性，具有较强的抑制噪声干扰的能力。

文献[91]采用互相关法计算科氏流量计的相位差，改善了流量计的重复性和线性度，增强了信号信噪比，提高了科氏流量计的相位差测量精度，但该算法的相位差测量精度受非整周期采样的影响较大。科氏流量计工业现场的信号频率受外界干扰、流体脉动等因素的影响而改变，此时就无法保证进行相关运算的序列长度始终保持为信号的整周期序列长度，相位差的测量结果将产生较大偏差。为此，文献[92]提出了一种减小非整周期条件下相位差测量误差的算法，拟通过一组相关计算寻求最为接近整周期的相关序列长度，再通过调整相关序列长度以使相关序列长度接近整周期，进而达到减小相位差测量误差的目的。该算法有效地消除了随机噪声的干扰，但整个过程计算复杂、计算量较大、实时性较差。

相关分析法原理简单、易于实现，能有效抑制随机噪声的干扰，但受非整周期采样的影响较大。为此，本书在第 2 章对相关分析法做了进一步的研究，并进行了详细的分析与讨论。

(3) 频谱分析法

频谱分析法是利用傅里叶变换将信号从时域变换到频域进行处理，在一定程度上可以抑制随机噪声和谐波干扰的影响，提高了相位差的测量精度。但由于信号时域的截短效应，当 DFT 计算时的信号序列长度不为整周期信号序列长度时，就会造成频谱泄漏，进而产生较大的相位差计算误差。

文献[93]采用加汉宁窗的 DFT 法计算两路信号的相位差，以期利用窗函数的特性来提高算法的相位差测量精度，进而提高流量测量精度。然而，算法提高的精度极为有限，且存在计算量较大、实时性较差的问题。

Goertzel 算法[94]是由 DFT 发展得到的一种只需计算少量频率点傅里叶系数的相位差计算方法。文献[95]采用滑动 Goertzel 算法(简称 SGA 法)来计算科氏流量计两路信号的相位差，它用实际的信号频率 ω 代替传递函数中的 $2\pi k/N$，经过一段时间的收敛，可求得每个采样点处的傅里叶系数，适用于随机缓慢变化的正余弦信号。然而，SGA 法收敛时间较长，不能长时持续有效地跟踪时变信号。为此，文献[96]提出基于重叠窗的 SGA 法，用于实时计算两路信号的相位差，但矩形窗和重叠区宽度的选取，需考虑计算量和计算精度的均衡，实际中难以选择，且算法计算量较大、实时性较差。

当信号频率较低或接近 Nyquist 频率时，现有频谱分析法的相位差测量算法精度较低，因为未考虑负频率成分干涉的影响。为此，文献[97]首先提出了一种计及负频率影响的 DTFT 法，并用于处理科氏流量计信号。与 SGA 法相比，计及负频率影响的 DTFT 法收敛速度更快，相位差测量精度更高。在此基础上，文献[98]又提出了一种基于重叠短矩形窗的计及负频率影响的 DTFT 法。由于算法中计及负频率成分的影响，收敛很快，且窗长较小，便于相位差的实时计算，提高了相位差的测量精度。然而，算法仍需对每个窗长内的数据点进行 DTFT 运算，同样存在冗余计算和计算量较大的问题。基于上述研究基础，本书在第 3 章对频谱分析法做了进一步的研究，并进行了详细的分析与讨论。

（4）自适应陷波滤波法

自适应陷波器可以根据被处理信号的特点，自动调节自身模型参数，使其幅频特性的陷波频率能迅速收敛到信号基频处，并可由陷波器的参数估计出信号基频，从而实现频率的实时测量与跟踪[99-110]，具有广阔的应用前景。

文献[111，112]率先利用自适应陷波滤波法来处理科氏流量计信号，希望同时兼顾并提升信号频率收敛速度和跟踪精度的性能要求，并设计了两套方案，第一套方案设计了两个调节参数，第二套方案将两个陷波器级联进行调节。两套方案均存在计算过程复杂、收敛速度较慢的问题。

文献[113，114]首先对两路信号进行高频采样，然后采用两级多抽一滤波器来抑制随机噪声的影响，最后再利用直接型 IIR 自适应陷波器来提取基频信号并估计信号频率。由于自适应算法采用了高斯-牛顿算法，该陷波器的计算量较大，且参数初始值的选取受噪声的影响较大。为此，文献[115]研究了自适应格型陷波器，该陷波器具有结构简单、收敛速度较快、计算量较小、短时估计频率精度较高的特点，但其长时持续的跟踪能力较差。文献[116-118]对自适应格型陷波器进行了简化，去掉了后置滤波器 FIR，提出了归一化格型自适应陷波器，其结构和算法更为简单，更易于硬件实现，长时持续跟踪信号频率变化的能力更好，但需预知信号初始频率。近年来，文献[119-121]提出了一种新式 IIR 自适应陷波器来处理科氏流量计信号，该陷波器由系统辨识的方法（Steiglitz-McBride Method）发展而来，具有去噪效果更好、收敛速度更快、短时跟踪信号频率精度更高的特点，但其自适应算法较为复杂、计算量较大。

现有的自适应陷波器大都存在难以兼顾信号频率的收敛速度和跟踪精度以及长时持续跟踪精度较差的问题。针对此问题，文献[122]提出了一种改进策略：利用滤波增强信号与原始信号的相关性，设计一个频率跟踪质量评价因子，借鉴反馈控制的思想，根据频率跟踪质量实时监测并自动调整陷波参数，以实现持续稳定地跟踪信号频率的变化。文献[123-125]已将该思想在格型陷波器、新式 IIR 陷波器等多种陷波器上进行了运用，并取得了较好的效果，均已克服了现有陷波器长时持续跟踪精度较差的难题。

综上所述，科氏流量计信号处理方法的发展方向主要集中在以下几个方面：

（1）研究不需要整周期截短、实时性更好、抗噪性能更好、与频率估计精度无关、相位差测量精度更高的相关算法；

（2）研究实时性更好、计算量更小、能更好地抑制频谱泄漏影响、提高相位差测量精度的频谱分析法；

(3) 研究结构更为简单、计算量更小、对陷波参数不敏感、普适性更好的自适应陷波滤波法;

(4) 研究基于数字信号处理方法的驱动控制、故障自诊断、自校验等技术。

1.4 组织结构

本书以石油与天然气工程领域油气计量中广泛使用的科氏流量计为应用背景，以淹没在加性高斯白噪声环境中的正弦信号为对象，围绕提高相位差测量精度和改善算法动态性能这一目标，重点从以下几个方面进行论述，如图 1.4 所示:

(1) 第 1 章：介绍了本书选题的背景及意义；对当前相位差测量方法进行了归纳总结；对科氏流量计信号处理方法进行了综述，并指出了研究发展的趋势；最后，对本书的章节内容安排进行了介绍。

(2) 第 2 章：时域方面，在分析相关法相位差测量误差的基础上，首先介绍数据延拓式相关的相位差测量方法，以提高短时非整周期采样信号情况下相关法的相位差测量精度；接着，为增强方法的实时性和抗噪性，介绍改进型双相关的相位差测量方法；为进一步增强方法的普适性和抗噪性，介绍多次互相关的相位差测量方法。详细阐述三种方法的基本原理及实现流程，并分别探讨不同信噪比和不同相关长度情况下对三种方法相位差测量精度的影响。

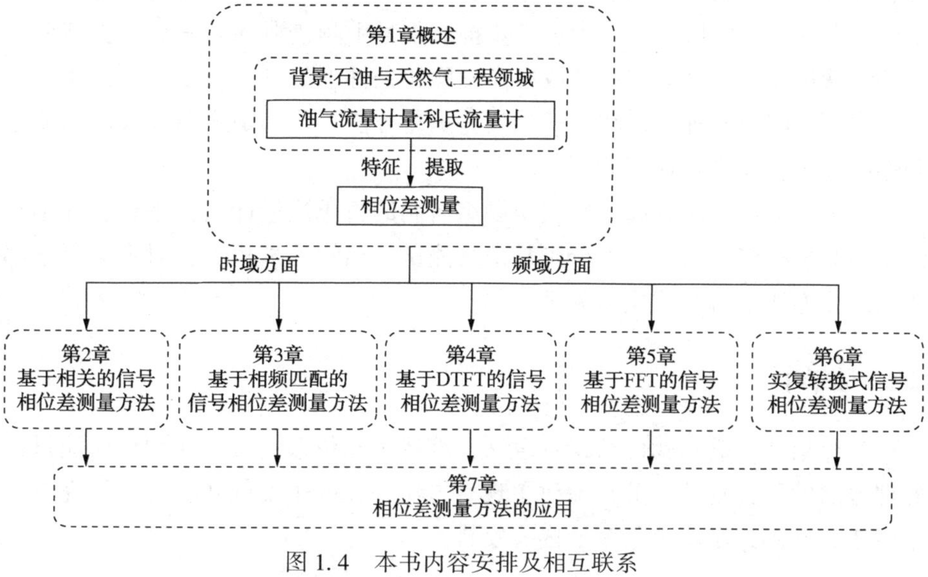

图 1.4　本书内容安排及相互联系

（3）第3章：时域方面，针对持续时间短、非半周期采样、低信噪比条件下采样信号的相位差估计问题，介绍了相位差估计的相频匹配方法原理，阐述了基于数据延拓和Hilbert变换的相位差估计相频匹配算法、基于相位校正互相关的相位差估计相频匹配算法和基于变频DTFT的相位差估计相频匹配算法，推导了正弦信号相位差估计值均方误差的理论下限，并对所述算法进行了计算验证和计算复杂度分析。

（4）第4章：频域方面，首先阐述噪声背景下DTFT法的相位差测量误差公式；然后，分析极端频率信号中负频率成分的影响机理，为提高DTFT法相位差测量的实时性和测量精度，在计及负频率成分影响的基础上，通过施加余弦窗、卷积窗等不同窗函数来抑制频谱泄漏的影响，进而介绍一类基于DTFT的极端频率信号相位差测量方法。其中，为减小算法的计算量，还介绍滑动DTFT递推算法。详细阐述施加不同窗函数对应相位差计算公式的推导过程，并分别探讨有无噪声和采样点数变化情况下对相位差测量精度的影响。

（5）第5章：频域方面，首先阐述噪声背景下FFT法的相位差测量误差公式；为提高FFT法相位差测量的实时性和测量精度，在计及负频率成分影响的基础上，通过施加余弦窗、卷积窗等不同窗函数来抑制频谱泄漏的影响，进而介绍一类基于FFT的极端频率信号相位差测量方法。其中，为减小算法的计算量，还介绍滑动DFT递推算法。详细阐述施加不同窗函数对应相位差计算公式的推导过程，并分别探讨有无噪声和采样点数变化情况下对相位差测量精度的影响。

（6）第6章：频域方面，为进一步抑制信号中频谱泄漏的影响，提高信号的相位差测量精度，特别是在低频或中高信噪比条件下的测量精度，介绍实复转换式测量原理，阐述两种实复转换式相位差测量方法，分别阐述两种方法的流程步骤和性能分析，并进行计算验证。

（7）第7章：应用方面，利用课题组研制的科氏流量计实验平台，在不同平稳流量和非平稳流量情况下，分别从仿真测试、离线测试角度，对本书所述部分方法同以往方法进行对比实验验证。

1.5 小结

本章介绍了专著选题的背景及意义，综述了相位差测量方法和科氏流量计信号处理方法的研究现状，分析探讨了现有方法存在的主要问题，对其研究趋势进行了展望，并阐述了本书的章节内容安排。

2 基于相关的信号相位差测量方法

相位差测量是数字信号处理技术中亟待解决的一项关键问题。本章从时域方面的视角，对现有的相关相位差测量方法进行了分析研究，旨在为提高相关法的相位差测量精度作出贡献。为此，在分析现有相关法存在相位差测量误差的基础上，首先介绍数据延拓式相关的相位差测量方法，以提高短时非整周期采样信号情况下相关法的相位差测量精度；其次，为增强方法的实时性和抗噪性，在双相关法的研究基础上，介绍改进型双相关的相位差测量方法；最后，为进一步提高相位差的测量精度，增强方法的普适性和抗噪性，介绍多次互相关的相位差测量方法。

本章在分析相关法测量原理及误差的基础上，详细阐述了三种非整周期信号相位差测量方法的基本原理及实现流程，并进行了仿真比较和性能分析。

2.1 相关法测量原理及分析

2.1.1 相关法测量原理

由于噪声信号通常与有效信号的相关性较小，相关法具有良好的噪声抑制能力，能够抑制所有与参考信号不相关的各种形式噪声，其测量原理分析如下。

设观测信号为两路单一频率的实正弦信号：

$$\begin{aligned} x(t)&=A\cos(\omega t+\theta_1)+N_1(t) \\ y(t)&=B\cos(\omega t+\theta_2)+N_2(t) \end{aligned} \tag{2.1}$$

式(2.1)中，A、B 分别为信号幅度；ω 为信号频率；θ_1、θ_2 分别为信号初相位；$N_1(t)$、$N_2(t)$ 分别为叠加在两路信号上的噪声。根据相关函数的定义，由于信号与噪声、噪声与噪声之间互不相关，对两路信号进行相关运算可得：

$$
\begin{aligned}
R_{xy}(0) &= \frac{1}{kT}\int_0^{kT} x(t)y(t)\,\mathrm{d}t = \frac{AB}{2}\cos(\theta_2 - \theta_1)\\
R_{xx}(0) &= \frac{1}{kT}\int_0^{kT} x(t)x(t)\,\mathrm{d}t = \frac{A^2}{2}\\
R_{yy}(0) &= \frac{1}{kT}\int_0^{kT} y(t)y(t)\,\mathrm{d}t = \frac{B^2}{2}
\end{aligned}
\tag{2.2}
$$

式(2.2)中，T 为信号周期，k 为正整数。现定义 $\Delta\theta$ 为两路信号的相位差，则：

$$
\begin{aligned}
\Delta\theta = \theta_2 - \theta_1 &= \arccos\left[\frac{2R_{xy}(0)}{AB}\right]\\
&= \arccos\left[\frac{R_{xy}(0)}{\sqrt{R_{xx}(0)}\sqrt{R_{yy}(0)}}\right]
\end{aligned}
\tag{2.3}
$$

式(2.3)即为相关法的相位差计算公式。

2.1.2 误差分析

(1) 非整周期采样引起的相位差测量误差分析

由式(2.2)和式(2.3)可以看出，上述讨论都是基于积分区间为整周期进行的，然而实际中该条件不一定成立。当积分区间不为整周期时，假定积分区间为(0，$kT+\Delta T$)，进行相关运算可得：

$$
\begin{aligned}
R_{xy}(0) &= \frac{1}{kT+\Delta T}\int_0^{kT+\Delta T} x(t)y(t)\,\mathrm{d}t\\
&= \frac{1}{kT+\Delta T}\int_0^{kT} x(t)y(t)\,\mathrm{d}t + \frac{1}{kT+\Delta T}\int_{kT}^{kT+\Delta T} x(t)y(t)\,\mathrm{d}t\\
&= \frac{A\cdot B\cdot k\cdot T}{2(kT+\Delta T)}\cos(\theta_2-\theta_1) + \frac{A\cdot B\cdot \Delta T}{2(kT+\Delta T)}\cos(\theta_2-\theta_1) +\\
&\quad \frac{A\cdot B}{2(kT+\Delta T)}\int_{kT}^{kT+\Delta T}\cos(2\omega t+\theta_1+\theta_2)\,\mathrm{d}t\\
&= \frac{AB}{2}\cos(\theta_2-\theta_1) + \frac{AB}{2\omega(kT+\Delta T)}\cos(\omega\Delta T+\theta_1+\theta_2)\sin(\omega\Delta T)
\end{aligned}
\tag{2.4}
$$

$$
\begin{aligned}
R_{xx}(0) &= \frac{1}{kT+\Delta T}\int_0^{kT+\Delta T} x(t)x(t)\,\mathrm{d}t \\
&= \frac{1}{kT+\Delta T}\int_0^{kT} x(t)x(t)\,\mathrm{d}t + \frac{1}{kT+\Delta T}\int_{kT}^{kT+\Delta T} x(t)x(t)\,\mathrm{d}t \\
&= \frac{A^2\cdot k\cdot T}{2(kT+\Delta T)} + \frac{A^2\cdot \Delta T}{2(kT+\Delta T)} + \frac{A^2}{2(kT+\Delta T)}\int_{kT}^{kT+\Delta T}\cos(2\omega t+2\theta_1)\,\mathrm{d}t \\
&= \frac{A^2}{2} + \frac{A^2}{2\omega(kT+\Delta T)}\cos(\omega\Delta T+2\theta_1)\sin(\omega\Delta T)
\end{aligned} \tag{2.5}
$$

$$
\begin{aligned}
R_{yy}(0) &= \frac{1}{kT+\Delta T}\int_0^{kT+\Delta T} y(t)y(t)\,\mathrm{d}t \\
&= \frac{1}{kT+\Delta T}\int_0^{kT} y(t)y(t)\,\mathrm{d}t + \frac{1}{kT+\Delta T}\int_{kT}^{kT+\Delta T} y(t)y(t)\,\mathrm{d}t \\
&= \frac{B^2\cdot k\cdot T}{2(kT+\Delta T)} + \frac{B^2\cdot \Delta T}{2(kT+\Delta T)} + \frac{B^2}{2(kT+\Delta T)}\int_{kT}^{kT+\Delta T}\cos(2\omega t+2\theta_2)\,\mathrm{d}t \\
&= \frac{B^2}{2} + \frac{B^2}{2\omega(kT+\Delta T)}\cos(\omega\Delta T+2\theta_2)\sin(\omega\Delta T)
\end{aligned} \tag{2.6}
$$

上述推导过程中利用了信号与噪声、噪声与噪声之间互不相关的特性，还利用了三角和差公式以及 kT 为周期的特性。由式(2.4)～式(2.6)可以看出，相关计算的积分区间不为整周期时，R_{xy}，R_{xx}，R_{yy} 分别存在误差项为：

$$
\varepsilon_{xy}(\Delta T)=\frac{AB}{2\omega(kT+\Delta T)}\cos(\omega\Delta T+\theta_1+\theta_2)\sin(\omega\Delta T) \tag{2.7}
$$

$$
\varepsilon_{xx}(\Delta T)=\frac{A^2}{2\omega(kT+\Delta T)}\cos(\omega\Delta T+2\theta_1)\sin(\omega\Delta T) \tag{2.8}
$$

$$
\varepsilon_{yy}(\Delta T)=\frac{B^2}{2\omega(kT+\Delta T)}\cos(\omega\Delta T+2\theta_2)\sin(\omega\Delta T) \tag{2.9}
$$

式(2.4)～式(2.9)中，θ_1、θ_2 分别为两路信号在相关时刻的相位值，如果连续进行相关运算，则两路信号的相位可表示为：

$$
\begin{aligned}
\theta_1(t) &= \omega t+\theta_1(0) \\
\theta_2(t) &= \omega t+\theta_2(0)
\end{aligned} \tag{2.10}
$$

则误差项 R_{xy}，R_{xx}，R_{yy} 随时间变化的关系式为：

$$\varepsilon_{xy}(t,\ \Delta T)=\frac{AB}{2\omega(kT+\Delta T)}\cos[\omega\Delta T+2\omega t+\theta_1(0)+\theta_2(0)]\sin(\omega\Delta T) \quad (2.11)$$

$$\varepsilon_{xx}(t,\ \Delta T)=\frac{A^2}{2\omega(kT+\Delta T)}\cos[\omega\Delta T+2\omega t+2\theta_1(0)]\sin(\omega\Delta T) \quad (2.12)$$

$$\varepsilon_{yy}(t,\ \Delta T)=\frac{B^2}{2\omega(kT+\Delta T)}\cos[\omega\Delta T+2\omega t+2\theta_2(0)]\sin(\omega\Delta T) \quad (2.13)$$

由式(2.11)~式(2.13)可以看出，与原始信号相比，误差项是以2倍频振荡的三角余弦函数，ΔT决定着信号的振幅。相关计算的积分区间为整周期时，即$\Delta T=0$时，才不存在误差项。

对应数字化信号的相关计算，离散表示为：

$$R_{xy}(0)=\frac{1}{N}\sum_{n=0}^{N-1}x(n)y(n) \quad (2.14)$$

$$R_{xx}(0)=\frac{1}{N}\sum_{n=0}^{N-1}x^2(n) \quad (2.15)$$

$$R_{yy}(0)=\frac{1}{N}\sum_{n=0}^{N-1}y^2(n) \quad (2.16)$$

则$R_{xy}(0)$、$R_{xx}(0)$、$R_{yy}(0)$的期望值分别为：

$$E\{R_{xy}(0)\}=\frac{AB}{2}\cos(\theta_2-\theta_1)+\frac{AB}{2N}\sum_{n=0}^{N-1}\cos(2\omega n+\theta_1+\theta_2) \quad (2.17)$$

$$E\{R_{xx}(0)\}=\frac{A^2}{2}+\frac{A^2}{2N}\sum_{n=0}^{N-1}\cos(2\omega n+2\theta_1) \quad (2.18)$$

$$E\{R_{yy}(0)\}=\frac{B^2}{2}+\frac{B^2}{2N}\sum_{n=0}^{N-1}\cos(2\omega n+2\theta_2) \quad (2.19)$$

由式(2.17)~式(2.19)可以看出，当相关长度N为整周期时，式(2.17)~式(2.19)中的后一部分均为0，代入相关法的相位差计算公式(2.3)可准确得到相位差；当相关长度N不为整周期时，式(2.17)~式(2.19)中的后一部分均不为0，即存在误差，代入相关法的相位差计算公式(2.3)会产生较大误差，进而说明相关法相位差测量存在误差的主要原因是相关长度不与信号的整周期相匹配。

需要指出的是，由式(2.17)~式(2.19)均可以看出，由于信号相乘之后，误差项以2倍频形式存在，理论上选取相关长度N为整周期一半长度的整数倍时，就可消除误差项。当整周期为偶数时，取相关长度N为整周期一半长度的整数倍时(不论是奇数倍还是偶数倍，N均为整数)，能通过相关长度N来消除误差项；然而，当整周期为奇数时，若取相关长度N为整周期一半长度的奇数倍时(N不为整数)，无法选取准确的相关长度 N 来消除误差项，此时只能取相关长度 N 为整周期一半长度的偶数倍，即相关长度 N 为整周期的倍数，才能消除误差项。为便于叙述，文中不再区分上述两种情况，而统一概括描述为相关长度与信号的整周期相匹配时，才不存在相位差测量误差。

(2) 噪声引起的相位差测量误差分析

前述讨论的是非整周期采样引起的相位差测量误差。实际过程中，包括噪声干扰、量化误差等因素，也影响着相关法的相位差测量精度。为此，下面统一概括为噪声信号，并对噪声引起的相位差测量误差进行分析。

由于前述(1)已经详细讨论了非整周期采样对相关法相位差测量精度的影响，为便于分析噪声信号对相关法相位差测量精度的影响，下面分析过程中均假设 N 为整周期采样。

将相关法相位差测量表达式用离散形式表示为：

$$\begin{aligned}\cos(\Delta\theta) = \cos(\theta_2 - \theta_1) &= \frac{2}{AB}R_{xy}(0) \\ &= \frac{2}{AB}\frac{1}{kT}\int_0^{kT} x(t)y(t)\,\mathrm{d}t = \frac{2}{AB}\frac{1}{N}\sum_{n=0}^{N-1} x(n)y(n)\end{aligned} \tag{2.20}$$

实际进行相关运算的序列为：

$$\begin{aligned} x(n) &= A\cos(\omega n+\theta_1)+N_1(n) \\ y(n) &= B\cos(\omega n+\theta_2)+N_2(n)\end{aligned} \tag{2.21}$$

假设 ε 表示最终计算的相位差误差，则：

$$\cos(\Delta\theta + \varepsilon) = \frac{2}{AB}\frac{1}{N}\sum_{n=0}^{N-1}\left[A\cos(\omega n + \theta_1) + N_1(n)\right]\cdot\left[B\cos(\omega n + \theta_2) + N_2(n)\right] \tag{2.22}$$

展开式(2.22)可得 4 项式子，忽略微小项 $N_1(n)$、$N_2(n)$ 的乘积，则式(2.22)可近似为：

$$\begin{aligned}\cos(\Delta\theta + \varepsilon) = &\frac{2}{N}\sum_{n=0}^{N-1}\cos(\omega n + \theta_1)\cos(\omega n + \theta_2) + \\ &\frac{2}{BN}\sum_{n=0}^{N-1}\cos(\omega n + \theta_1)N_2(n) + \frac{2}{AN}\sum_{n=0}^{N-1}\cos(\omega n + \theta_2)N_1(n)\end{aligned} \tag{2.23}$$

式(2.23)中，第一项为真实相位差的余弦值，其余为噪声引起的误差项。设 $N_1(n)$、$N_2(n)$ 均为高斯白噪声信号，其均值为 0，方差为 σ^2，则由高斯白噪声 $N_1(n)$、$N_2(n)$ 引起误差项的方差分别为：

$$\begin{aligned}\operatorname{var}[E(N_1)] &= \operatorname{var}\left[\frac{2}{AN}\sum_{n=0}^{N-1}\cos(\omega n+\theta_2)N_1(n)\right] \\ &= \frac{2}{A^2N}\sigma^2\end{aligned} \tag{2.24}$$

$$\begin{aligned}\operatorname{var}[E(N_2)] &= \operatorname{var}\left[\frac{2}{BN}\sum_{n=0}^{N-1}\cos(\omega n+\theta_1)N_2(n)\right] \\ &= \frac{2}{B^2N}\sigma^2\end{aligned} \tag{2.25}$$

式(2.24)~式(2.25)推导过程中，利用了式(2.26)和式(2.27)。由于 N 为整周期采样点数，存在关系式：

$$\sum_{n=0}^{N-1}\left[\cos^2\left(\frac{2\pi n}{N}\right)+\sin^2\left(\frac{2\pi n}{N}\right)\right]=N \tag{2.26}$$

故有：

$$\sum_{n=0}^{N-1}\cos^2\left(\frac{2\pi n}{N}\right)=\sum_{n=0}^{N-1}\sin^2\left(\frac{2\pi n}{N}\right)=\frac{N}{2} \tag{2.27}$$

假设 SNR_1、SNR_2分别为两路采样信号序列的信噪比，则有 $SNR_1=\frac{A^2}{2\sigma^2}$、$SNR_2=\frac{B^2}{2\sigma^2}$。因为各项误差之间相互独立，若两路采样序列具有相同的信噪比 SNR_0，则总的方差为：

$$\begin{aligned}\sigma^2_{\cos(\Delta\theta)} &= \operatorname{var}[E(N_1)]+\operatorname{var}[E(N_2)] \\ &= \frac{2}{A^2N}\sigma^2+\frac{2}{B^2N}\sigma^2=\frac{2}{N\cdot SNR_0}\end{aligned} \tag{2.28}$$

经反函数求解相位差可得：

$$\Delta\theta=\arccos(Z)=\arccos[\cos(\Delta\theta+\varepsilon)] \tag{2.29}$$

根据泰勒公式，则相位差计算产生的方差为：

$$\sigma^2_{\Delta\theta}=\left|\frac{\partial_{\Delta\theta}}{\partial_Z}\right|^2\sigma^2_{\cos\Delta\theta}=\frac{1}{|1-Z^2|}\sigma^2_{\cos\Delta\theta} \tag{2.30}$$

将 Z 近似为真实值，即 $Z\approx\cos\Delta\theta$，可得式(2.31)为：

$$\sigma^2_{\Delta\theta}=\frac{1}{|1-\cos^2(\Delta\theta)|}\cdot\frac{2}{N\cdot SNR_0} \tag{2.31}$$

由式(2.31)可以看出：

(1) 信噪比越大，则所求相位差的方差越小；

(2) 采样点数越多，则所求相位差的方差越小；

(3) 被测相位差越小，则所求相位差的测量误差越易受噪声干扰。

2.1.3 计算验证

为验证上述理论分析的正确性，利用 Matlab 软件对相关法进行了实验分析。假设两正弦信号序列为：

$$x(n)=\cos\left(\frac{2\pi n\times 100}{1500}+\frac{\pi}{6}\right)$$
$$y(n)=\cos\left(\frac{2\pi n\times 100}{1500}+\frac{\pi}{3}\right) \tag{2.32}$$

其中，信号频率为 100Hz，采样频率为 1500Hz。

(1) 不同信噪比的影响

为考察相关法在不同信噪比条件下的相位差测量精度，分别在相关长度为非整周期($N=20$)和相关长度为整周期($N=30$)两种情况下进行了 100 次独立仿真实验，每次实验所包含的噪声均为随机的加性高斯白噪声，信噪比在 0dB 到 50dB 之间变化，仿真结果如图 2.1 所示。

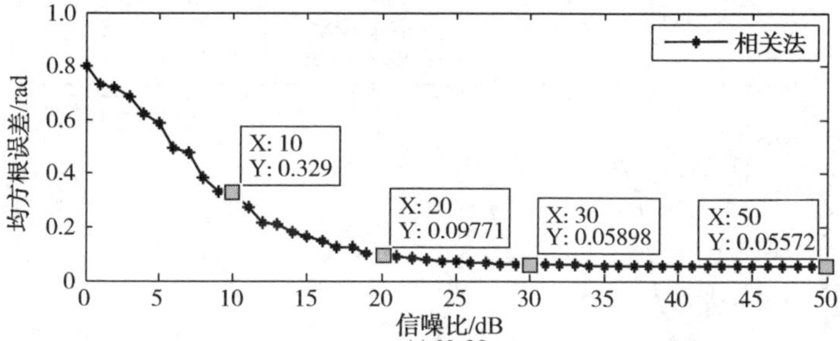

(a) N=20

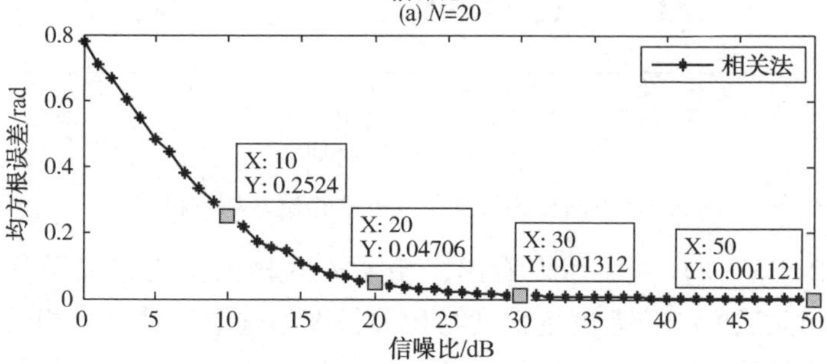

(b) N=30

图 2.1 不同信噪比条件下的相位差均方根误差

由图 2.1 中的(a)、(b)可以看出，相关法的相位差均方根误差随着信噪比的增大，呈现出逐渐减小的趋势，且在 25dB 之后性能趋于平稳，说明相关法具有一定的抗噪能力。从整个趋势来看，相关长度为整周期情况下的相位差均方根误差明显好于相关长度为非整周期情况下的相位差均方根误差，说明相关法的相位差测量精度受相关长度是否为整周期的影响。

(2) 非整周期采样的影响

采用相关法求解信号的相位差，一般将总采样点数作为相关长度来进行计算。为考察不同相关长度条件下的相位差测量精度，分别在较低信噪比(SNR = 10dB)和较高信噪比(SNR = 30dB)两种情况下进行了 100 次独立仿真实验，每次实验所包含的噪声均为随机的加性高斯白噪声，相关长度在 20 到 60 之间变化，仿真结果如图 2.2 所示。

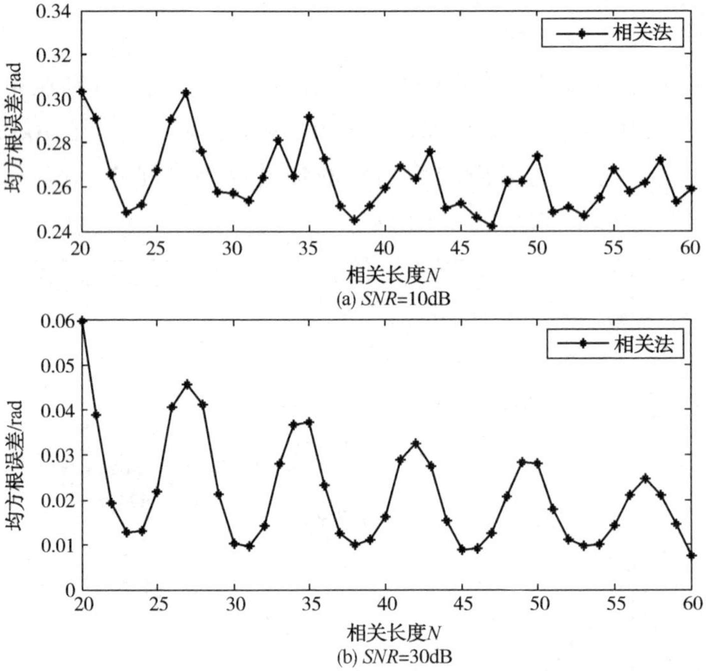

图 2.2　不同相关长度条件下的相位差均方根误差

由图 2.2 中的(a)、(b)可以看出，相关法的相位差均方根误差呈振荡衰减趋势，说明相关法的相位差测量精度与相关长度的选取有关，当相关长度为整周期时，相位差测量精度达到最优值。此外，增加相关长度可提高相关法的相位差测量精度，但当相关长度增加到一定数量时，再增加相关长度也不会明显改善相关法的相位差测量精度。

结合图 2.1 和图 2.2 还可以分析得出，在低信噪比条件下，相关法受噪声的影响大于相关长度非整周期的影响；在较高信噪比条件下，相关法受噪声的影响小于相关长度非整周期的影响。

（3）被测相位差的影响

为考察被测相位差大小对相位差测量误差的影响，在相关长度为整周期($N=30$)条件下，分别对 $\Delta\theta=\pi/6$ 和 $\Delta\theta=\pi/60$ 两种情况进行了 100 次独立仿真实验，每次实验所包含的噪声均为随机的加性高斯白噪声，信噪比在 0dB 到 50dB 之间变化，仿真结果如图 2.3 所示。

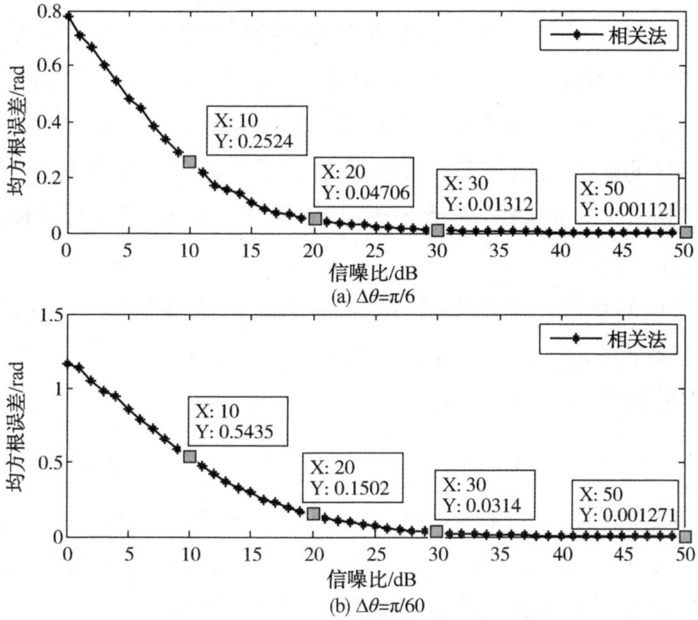

图 2.3　不同信噪比条件下的相位差均方根误差

由图 2.3 中的(a)、(b)可以看出，两种被测相位差在低信噪比条件下的相位差均方根误差值较大，在高信噪比条件下的相位差均方根误差值较小，说明被测相位差越小，相位差的测量误差越易受噪声的干扰。

前述 2.1.3 节的仿真结果与 2.1.2 节的误差分析是一致吻合的，充分说明了相关法理论分析的正确性。在实际的相位差测量过程中，被测信号的相位差通常是未知的，为此，在传输噪声条件一定的情况下，应着力提高采样频率，增加单位周期内的采样点数来减小相关法相位差测量的方差。此外，也可通过增强信号的信噪比，来提高相关法的相位差测量精度。

2.2 数据延拓式相关的相位差测量方法

由 2.1 节分析可知，噪声干扰所引起的相位差测量误差是难以避免的，但相关长度不与信号的整周期相匹配所引起的相位差测量误差却是可以避免的。为此，本节介绍数据延拓式相关的相位差测量方法[126]，以提高短时非整周期信号的相位差测量精度。

2.2.1 基本思想

假定获得两路短时信号的采样数据分别为 $x=[x_1, x_2, \cdots, x_{N-1}, x_N]$，$y=[y_1, y_2, \cdots, y_{N-1}, y_N]$，在其他信息未知的情况下对其进行相位差估计。首先采用文献[127]的方法，对信号的频率或者周期进行预估计，周期估计结果设为 P，$P\in Z^+$为一个周期的采样点数，N 除以 P 的商是 k，余数为 m。若 $m=0$，则相关长度与信号的整周期相匹配，成整数倍关系，此时数据无须处理。若 $m>0$，说明相关长度超过 k 个周期但未达到 $k+1$ 个周期，此时可分两种情况进行数据处理：

① 进行数据的剔除，即根据信号的周期性，从采样数据 x，y 中剔除整周期数据外的 m 个数据 $[x_{kP+1}, \cdots, x_{kP+m}]$，$[y_{kP+1}, \cdots, y_{kP+m}]$，使相关长度为整周期，剔除数据后的信号序列为：

$$x_e=[x_1, x_2, \cdots, x_{kP}],\ y_e=[y_1, y_2, \cdots, y_{kP}] \tag{2.33}$$

② 进行数据的延拓，即根据信号的周期性，从采样数据 x，y 中查找 $P-m$ 个数据 $[x_{(k-1)P+m+1}, \cdots, x_{kP}]$，$[y_{(k-1)P+m+1}, \cdots, y_{kP}]$，将其合并到原数据序列 x，y 之后，使相关长度为整周期，数据延拓后的信号序列为：

$$\begin{aligned} x_e&=[x_1, x_2, \cdots, x_N, x_{(k-1)P+m+1}, \cdots, x_{kP}], \\ y_e&=[y_1, y_2, \cdots, y_N, y_{(k-1)P+m+1}, \cdots, y_{kP}] \end{aligned} \tag{2.34}$$

需要指出的是，针对短时正弦信号，由于获得信号的采样数据点数较少，且信号里还带有噪声的干扰，通过数据剔除调整信号序列为整周期的办法可提高方法测量精度，但会减少数据本身所带有的信息量；采用数据延拓的办法，在原有数据点数的基础上，增加了数据的信息量，在提高方法精度的同时，也可提高方法的抗噪性，其实用性更强，为此，本节采用数据延拓的方法进行处理。

2.2.2 实现流程

根据上节所述方法的基本原理，数据延拓式相关的相位差测量方法的实现流程如图 2.4 所示。

以两路信号 $x=\cos(2\pi t)$，$y=\cos(2\pi t+pi/6)$ 为例进行分析，其中信号频率为 1Hz，采样频率为 15Hz。图 2.5 为高斯白噪声下信噪比 $SNR=20\text{dB}$ 的两路原始信号，共 20 个采样点；图 2.6 为按本节所述方法进行数据延拓后的两路信号。数据延拓的处理过程就是查找出原始信号 20 个采样点中的第 6~15 个共 10 个采样点，将其补在原始信号 20 个采样点之后，合并后整个序列变为 30 个采样点，即为整周期序列。

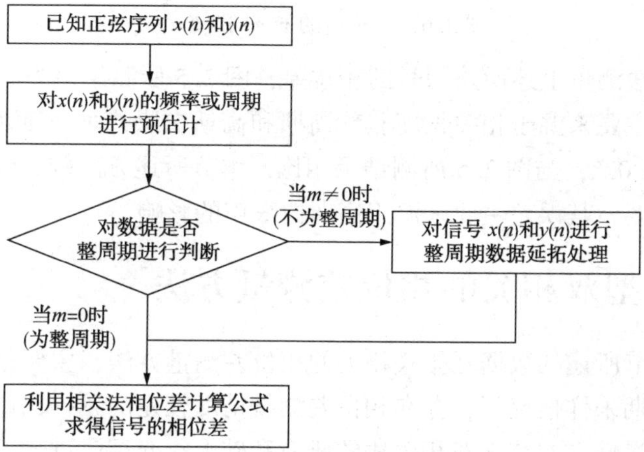

图 2.4　本节方法的流程图

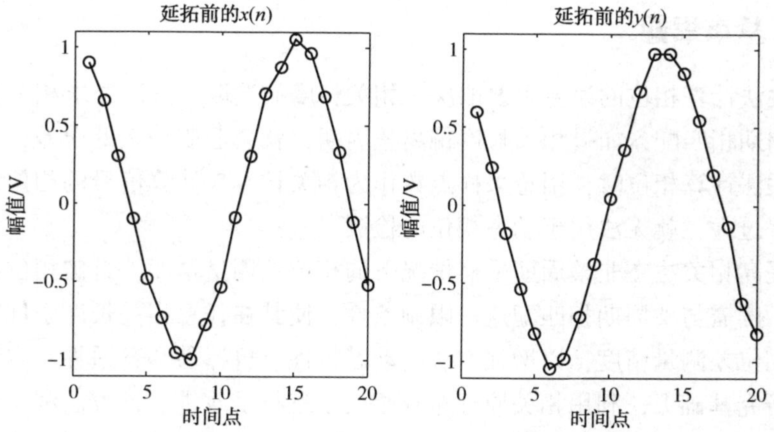

图 2.5　延拓前的 $x(n)$ 和 $y(n)$

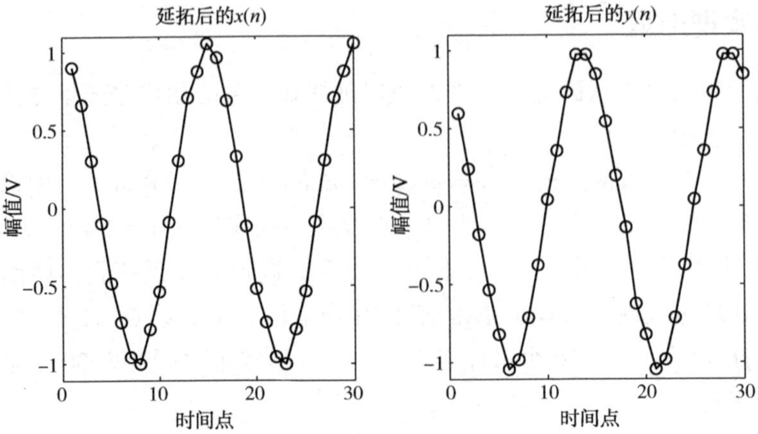

图 2.6　延拓后的 $x(n)$ 和 $y(n)$

采用相关法测量上述两路信号的相位差，图 2.5 所测结果为 33.03°，其相位差的测量误差主要来源于相关长度非整周期和高斯白噪声两方面的影响；图 2.6 所测结果为 30.07°，与图 2.5 所测结果相比，本节所述方法较大幅度地提高了相位差的测量精度，其误差主要来源于高斯白噪声的影响。

2.3　改进型双相关的相位差测量方法

前述 2.2 节所述的数据延拓式相关的相位差测量方法，主要是针对短时平稳信号在非整周期采样情况下，存在相位差测量精度较差问题提出的。为增强方法的普适性和抗噪性，本节在双相关法的研究基础上，介绍改进型双相关的相位差测量方法[128,129]。

2.3.1　基本思想

相关法计算相位的误差主要取决于相关长度的选取，方法要求相关长度与信号的整周期相匹配，如果相关长度偏离整周期，就会造成一定的误差；另外，一般用相关法计算相位时，用总采样点数作为相关长度来计算信号的相位差，相关长度取得过大，就无法用于动态相位的检测。

为提高相关法在非整周期采样情况下的相位差测量精度，打破相位测量中相关计算长度需与整周期相匹配这一限制条件，使其在任意相关长度条件下都具有较高的相位差测量精度，以增强方法的动态特性、鲁棒性和普适性，本节在双相关法的研究基础上，利用相关原理对双相关法进行了改进。该方法利用原两路同频信号产生具有 90°相移的两路参考信号，然后将四路信号经过零相位滤波器以增强信噪比，再将原两路同频信号分别与两路参考信号进行相关计算，并利用正弦和相关函数的一些性质，即可求得原两路同频信号的相位差。同时，针对引入两路参考信号相移不是 90°的情况，进行了误差分析并阐述了相应的补偿措施。本节方法的原理框图如图 2.7 所示。

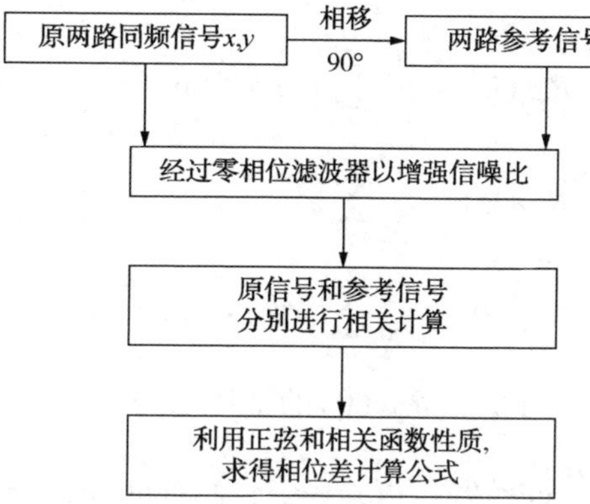

图 2.7　本节方法的原理框图

2.3.2　实现流程

根据上述方法的基本思想及原理框图，本节所述方法的具体实现流程如下。

Step 1：设离散后的原两路同频信号为：

$$\begin{aligned} x(n) &= A\cos(\omega n+\theta_1)+N_1(n) \\ y(n) &= B\cos(\omega n+\theta_2)+N_2(n) \quad n=0,\ 1,\ \cdots,\ N-1 \end{aligned} \tag{2.35}$$

Step 2：利用原两路同频信号产生具有 90°相移的两路参考信号。

产生的两路参考信号分别定义为：

$$\begin{aligned} x'(n) &= A\cos(\omega n+\theta_1-\varphi)+N_1'(n) \\ y'(n) &= B\cos(\omega n+\theta_2-\varphi)+N_2'(n) \quad n=0,\ 1,\ \cdots,\ N-1 \end{aligned} \tag{2.36}$$

式(2.36)中，$N_1'(n)$、$N_2'(n)$分别为$N_1(n)$、$N_2(n)$相移后的噪声信号；为便于后续分析，用φ表示相移角度进行推导。

Step 3：将四路信号分别通过零相位滤波器 FRR 或 RRF。

FRR 的滤波方法是：先将输入序列按顺序滤波(forward filter)，然后将所得结果逆转后反向通过滤波器(reverse filter)，再将所得结果逆转后输出(reverse output)，即可得精确零相位失真的输出序列；RRF 的滤波方法是：先将输入信号序列反转后通过滤波器(reverse filter)，然后将所得结果逆转后再次通过滤波器(reverse filter)，这样所得结果即为精确零相位失真的输出序列(forward output)，具体设计可参考文献[130, 131]。采用零相位滤波器，避免了常规滤波器引起的相位失真问题，同时也提高了信噪比，增强了抗噪性。

Step 4：对滤波后的 $x(n)$、$y(n)$、$x'(n)$、$y'(n)$ 分别进行相关运算。可得：

$$
\begin{aligned}
R_{xy}(0) &= \frac{1}{N}\sum_{n=0}^{N-1} x(n)y(n) \\
R_{xy'}(0) &= \frac{1}{N}\sum_{n=0}^{N-1} x(n)y'(n) \\
R_{x'y}(0) &= \frac{1}{N}\sum_{n=0}^{N-1} x'(n)y(n) \\
R_{x'y'}(0) &= \frac{1}{N}\sum_{n=0}^{N-1} x'(n)y'(n)
\end{aligned}
\tag{2.37}
$$

则 $R_{xy}(0)$、$R_{xy'}(0)$、$R_{x'y}(0)$、$R_{x'y'}(0)$ 的期望值为：

$$E\{R_{xy}(0)\} = \frac{AB}{2}\cos(\theta_2 - \theta_1) + \frac{AB}{2N}\sum_{n=0}^{N-1}\cos(2\omega_0 n + \theta_1 + \theta_2) \tag{2.38}$$

$$E\{R_{xy'}(0)\} = \frac{AB}{2}\cos(\theta_2 - \theta_1 - \varphi) + \frac{AB}{2N}\sum_{n=0}^{N-1}\cos(2\omega_0 n + \theta_1 + \theta_2 - \varphi) \tag{2.39}$$

$$E\{R_{x'y}(0)\} = \frac{AB}{2}\cos(\theta_2 - \theta_1 + \varphi) + \frac{AB}{2N}\sum_{n=0}^{N-1}\cos(2\omega_0 n + \theta_1 + \theta_2 - \varphi) \tag{2.40}$$

$$E\{R_{x'y'}(0)\} = \frac{AB}{2}\cos(\theta_2 - \theta_1) + \frac{AB}{2N}\sum_{n=0}^{N-1}\cos(2\omega_0 n + \theta_1 + \theta_2 - 2\varphi) \tag{2.41}$$

需要指出的是，文献[18]中所述双相关法的相位差计算公式为：

$$\Delta\theta = \tan^{-1}\left[\frac{R_{xy'}(0)}{R_{xy}(0)}\right] \tag{2.42}$$

由式(2.38)和式(2.39)可以看出，双相关法并未消除非整周期采样对相位差测量精度的影响。

Step 5：利用正弦和相关函数的性质，求得相位差计算公式。

现定义 $m_{\mathrm{a}}(n)$ 和 $m_{\mathrm{r}}(n)$ 分别为：

$$m_{\mathrm{a}}(n) = R_{xy}(0) + R_{x'y'}(0) \tag{2.43}$$

$$m_{\mathrm{r}}(n) = R_{xy'}(0) - R_{x'y}(0) \tag{2.44}$$

则由式(2.43)、式(2.44)可得：

$$m_a(n) = AB\cos(\theta_2 - \theta_1) + \frac{AB}{N}\sum_{n=0}^{N-1}\cos(2\omega_0 n + \theta_1 + \theta_2 - \varphi)\cos\varphi + N_a(n) \tag{2.45}$$

$$m_r(n) = AB\sin(\theta_2 - \theta_1)\sin\varphi + N_r(n) \tag{2.46}$$

$N_a(n)$和$N_r(n)$分别表示$m_a(n)$和$m_r(n)$中所有含噪声信号的总和。

(1) 当φ满足90°相移条件时

当相移$\varphi = 90°$时，可理解为：

$$\varphi = (4l+1)\pi/2 \tag{2.47}$$

式(2.47)中，l为正整数。可得：

$$m_a(n) = AB\cos(\theta_2 - \theta_1) + N_a(n) \tag{2.48}$$

$$m_r(n) = AB\sin(\theta_2 - \theta_1) + N_r(n) \tag{2.49}$$

由于零相位滤波器具有较强的滤波功能，可滤除大部分的噪声影响，且经相关运算后，进一步消除了互不相关噪声的影响，提高了信噪比。为此，由式(2.48)和式(2.49)可得：

$$\Delta\theta = \theta_2 - \theta_1 \approx \tan^{-1}\left[\frac{m_r(n)}{m_a(n)}\right] \tag{2.50}$$

式(2.50)即为本节所述改进方法的相位差计算公式。与传统相关法相比，本节方法无须计算信号的幅度值A和B，从而避免了计算幅度值所引入的误差，进而提高了相关方法的相位差测量精度。同时，本节方法充分利用了原两路同频信号与两路参考信号的相关关系，所得的结果是无偏的，且不受选取相关长度N的影响，方法更具鲁棒性、动态性和普适性。此外，由相位差计算式(2.50)可以看出，本节方法具有一个显著特点，即相位差的测量精度与信号频率无关。

需要指出的是，对于两路参考信号的获取，若信号频率已知，准确实现90°的相移比较简单(可参考文献[132])，从而可较易得到两路参考信号；若信号频率未知，可先通过陷波器或者离散频谱校正的方法获取信号频率，再实现90°的相移来得到两路参考信号；也可先对信号进行滤波，再进行希尔伯特变换实现90°的相移来得到两路参考信号。无论频率已知或是未知，均可准确得到两路参考信号，再运用本节所述方法即可实现相位差的高精度测量。

(2) 当φ不满足90°相移条件时

上述相位差计算式(2.50)是基于相移φ满足条件式(2.47)的情况下提出的。对照式(2.36)，可理解相移φ为：

$$\varphi = \omega_0 r = (4l+1)\pi/2 \tag{2.51}$$

r为正整数。针对信号频率为$\omega_0 = 2\pi f_0/f_s$，采样频率为f_s的信号，假设存在：

$$f_s/f_0=p/q \tag{2.52}$$

p 和 q 为 f_s 和 f_0 化简后的正整数。将式(2.52)代入式(2.51)可得：

$$r=\frac{\varphi}{\omega_0}=\frac{(4l+1)\pi}{2}\cdot\frac{f_s}{2\pi f_0}=\frac{(4l+1)p}{4q} \tag{2.53}$$

式(2.53)中，p 应当被 4 整除，$4l+1$ 应当被 q 整除。当噪声的影响较小时，如果能找到 r 值满足式(2.53)，从而利用本节所述方法的相位差计算公式(2.50)可得到没有偏差的相位差；如果找不到合适的 r 值满足式(2.53)，则相移 φ 为：

$$\varphi=\omega_0 r=2\pi rq/p \tag{2.54}$$

当相移 φ 不等于 $\pi/2$ 时，就会产生相移误差 $\Delta\varphi=\varphi-\pi/2$。忽略噪声影响，本节方法存在两个误差来源。一个误差来源于式(2.45)的第二部分，即：

$$\varepsilon_a(n)=\frac{m_a(n)-\hat{m}_a(n)}{\hat{m}_a(n)}=\frac{\frac{1}{N}\sum_{n=0}^{N-1}\cos(2\omega_0 n+\theta_1+\theta_2-\varphi)\cos\varphi}{\cos(\theta_2-\theta_1)} \tag{2.55}$$

式(2.55)中，$\hat{m}_a(n)=AB\cos(\theta_2-\theta_1)$。另一个误差来源于式(2.46)中的 $\sin\varphi$，即：

$$\varepsilon_r(n)=\frac{m_r(n)-\hat{m}_r(n)}{\hat{m}_r(n)}=\sin\varphi-1=\varepsilon_\varphi \tag{2.56}$$

式(2.56)中，$\hat{m}_r(n)=AB\sin(\theta_2-\theta_1)$。

由式(2.55)可以看出，误差 $\varepsilon_a(n)$ 的大小取决于 N 值，当 N 值趋于无穷或者为整周期采样情况下，误差 $\varepsilon_a(n)$ 趋于 0；误差 $\varepsilon_r(n)$ 为常数值 ε_φ，仅取决于 $\sin\varphi$。定义相位差误差为 $\varepsilon_{\Delta\theta}$，则：

$$\varepsilon_{\Delta\theta}=\Delta\theta-\Delta\hat{\theta} \tag{2.57}$$

$$\begin{aligned}\tan(\Delta\theta-\Delta\hat{\theta})&=\frac{\tan\Delta\theta-\tan\Delta\hat{\theta}}{1+\tan\Delta\theta\cdot\tan\Delta\hat{\theta}}=\frac{\frac{m_r}{m_a}-\frac{\hat{m}_r}{\hat{m}_a}}{1+\frac{m_r}{m_a}\cdot\frac{\hat{m}_r}{\hat{m}_a}}\\&=\frac{\hat{m}_a m_r-m_a\hat{m}_r}{m_a\hat{m}_a+\hat{m}_r m_r}=\frac{\hat{m}_a(\varepsilon_\varphi\hat{m}_r+\hat{m}_r)-\hat{m}_r(\varepsilon_a\hat{m}_a+\hat{m}_a)}{(\varepsilon_a\hat{m}_a+\hat{m}_a)\hat{m}_a+(\varepsilon_\varphi\hat{m}_r+\hat{m}_r)\hat{m}_r}\\&=\frac{(\varepsilon_\varphi-\varepsilon_a)\tan\Delta\hat{\theta}}{\varepsilon_a+1+(\varepsilon_\varphi+1)\tan^2\Delta\hat{\theta}}\end{aligned} \tag{2.58}$$

由式(2.57)和式(2.58)可得:

$$\varepsilon_{\Delta\theta}=\tan^{-1}\left[\frac{(\varepsilon_{\varphi}-\varepsilon_{a})\tan\Delta\hat{\theta}}{\varepsilon_{a}+1+(\varepsilon_{\varphi}+1)\tan^{2}\Delta\hat{\theta}}\right] \tag{2.59}$$

式(2.59)即为本节所述方法的相位差误差公式。由上述分析可知，当相移为 π/2 时，本节方法不存在偏差，具有较高的相位差测量精度；当相移不为 π/2 时，本节方法存在偏差，通过选取较大的 N 或者选取整周期采样点数，可消除误差 $\varepsilon_a(n)$ 的影响，但无法消除误差 $\varepsilon_r(n)=\varepsilon_{\varphi}$ 的影响。为此，定义 M_a、M_r 分别代替 $m_a(n)$、$m_r(n)$，可得:

$$\begin{aligned}M_a &= \frac{1}{N}\sum_{n=0}^{N-1}m_a(n)=\frac{1}{N}\sum_{n=0}^{N-1}\hat{m}_a(n)+\\&\quad\frac{1}{N}\sum_{n=0}^{N-1}\varepsilon_a(n)\hat{m}_a(n)+\frac{1}{N}\sum_{n=0}^{N-1}N_a(n)\\&\approx AB\cos(\theta_2-\theta_1)\end{aligned} \tag{2.60}$$

$$\begin{aligned}M_r &= \frac{1}{N(\varepsilon_r+1)}\sum_{n=0}^{N-1}m_r(n)=\frac{1}{N(\varepsilon_r+1)}\sum_{n=0}^{N-1}\hat{m}_r(n)+\\&\quad\frac{1}{N(\varepsilon_r+1)}\sum_{n=0}^{N-1}\varepsilon_r(n)\hat{m}_r(n)+\frac{1}{N(\varepsilon_r+1)}\sum_{n=0}^{N-1}N_r(n)\\&\approx AB\sin(\theta_2-\theta_1)\end{aligned} \tag{2.61}$$

式(2.60)和式(2.61)中的 N 取整周期采样点数。由式(2.60)、式(2.61)和式(2.54)可得相位差计算公式为:

$$\Delta\theta=\theta_2-\theta_1\approx\tan^{-1}\frac{m_r(n)}{\sin(2\pi rq/p)\cdot m_a(n)} \tag{2.62}$$

式(2.62)即为本节所述方法补偿后的相位差计算公式。需要指出的是，式(2.50)是相移满足 π/2 条件所推导提出的，该相位差计算公式测量精度不受是否整周期采样的影响，打破了相位测量中相关计算长度需与整周期相匹配这一限制条件；式(2.62)是相移不满足 π/2 条件所推导提出的，该相位差计算公式要求采样点数 N 较大或者为整周期采样点数。式(2.50)和式(2.62)要求的条件不同，但可理解式(2.62)是对式(2.50)的一种补充或完善。

2.4 多次互相关的相位差测量方法

上述 2.3 节所述的改进型双相关的相位差测量方法，提高了相位差的测量精度，克服了非整周期采样对相位差测量精度的影响，既可以用于处理时不变信号，也可用于处理时变信号。其中，还详细讨论了存在相移误差的情况，并阐述了对应的解决措施。为进一步提高相位差的测量精度，增强方法的实时性、抗噪性、普适性，本节在前述 2.3 节研究的基础上，介绍多次互相关的相位差测量方法。

本节结合了科氏流量计的信号特点，充分利用了自适应陷波器和希尔伯特变换的性质及特点，介绍的多次互相关的相位差测量方法可实现科氏流量计相位差的高精度测量。然而，本节所述的多次互相关的相位差测量方法仍可应用推广到其他领域，本节将在后续描述中进行阐述和说明。

2.4.1 基本思想

针对频率未知的时变信号，本节介绍多次互相关的相位差测量方法的原理如下：首先采用自适应格型陷波器进行滤波，以求信号频率；然后对滤波后的原两路增强信号分别进行 Hilbert 变换产生具有 90°相移的两路相移信号；并利用估计出的信号频率产生具有 90°相移的两路参考信号；将原两路增强信号和两路相移信号分别与两路参考信号进行相关运算，再利用正弦和相关函数的一些性质即可得到相位差的计算公式，方法原理框图如图 2.8 所示。

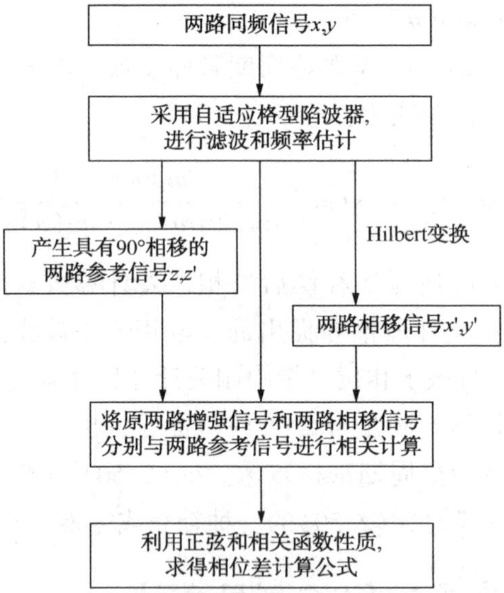

图 2.8 本节方法的原理框图

2.4.2 实现流程

设离散后的原两路同频正弦信号如式(2.35)所示，根据上述方法原理及框图，本节所述多次互相关的相位差测量方法的具体实现流程如下。

Step 1：首先采用自适应格型陷波器进行滤波，以求信号频率。

自适应格型陷波器由于结构算法简单、频率跟踪精度较高而得到了较广泛的应用[133]，其实现方式如图 2.9 所示，传递函数为：

$$H(z^{-1})=\frac{1+2k_0z^{-1}+z^{-2}}{1+k_0(1+\rho)z^{-1}+\rho z^{-2}} \tag{2.63}$$

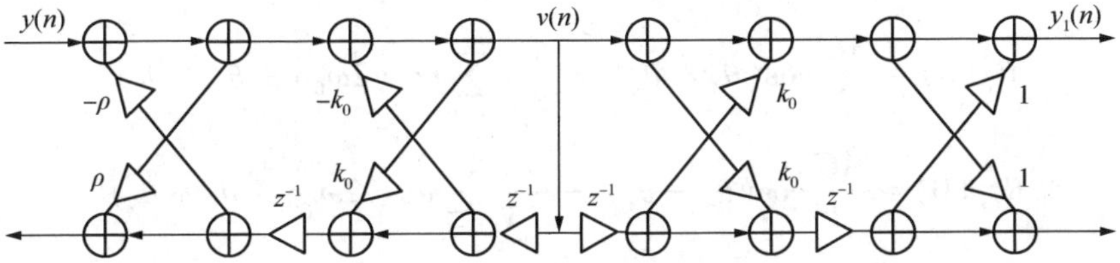

图 2.9　自适应格型陷波器的结构

式(2.63)中，k_0 为权系数，用于计算信号频率，k_0 经过一段时间后会自适应收敛到$-\cos\omega$；ω 为被处理信号 $y(n)$ 的归一化频率；ρ 为去偏置参数，决定陷波器陷阱带宽。$y(n)-y_1(n)$ 为去除噪声后的增强信号，具体的实现算法参见参考文献[133]，设频率估计结果为 ω_0。

Step 2：对滤波后的原两路增强信号分别进行 Hilbert 变换产生具有 90°相移的两路相移信号。

产生的两路相移信号分别为 $x'(n)$、$y'(n)$，即：

$$\begin{aligned} x'(n)&=A\sin(\omega_0 n+\theta_1)+N_1'(n)\\ y'(n)&=B\sin(\omega_0 n+\theta_2)+N_2'(n) \end{aligned} \tag{2.64}$$

式(2.64)中，$N_1'(n)$、$N_2'(n)$分别为 $N_1(n)$、$N_2(n)$变换后的噪声信号。

Step 3：利用估计出的信号频率产生具有 90°相移的两路参考信号。

产生的两路参考信号分别为 $z(n)$、$z'(n)$，即：

$$\begin{aligned} z(n)&=C\cos(\omega_0 n+\theta_3)\\ z'(n)&=C\sin(\omega_0 n+\theta_3) \end{aligned} \tag{2.65}$$

Step 4：将原两路增强信号 $x(n)$、$y(n)$ 和两路相移信号 $x'(n)$、$y'(n)$ 分别与两路参考信号 $z(n)$、$z'(n)$ 进行相关计算。即：

$$R_{xz}(0)=\frac{1}{N}\sum_{n=0}^{N-1}x(n)z(n);\ R_{x'z'}(0)=\frac{1}{N}\sum_{n=0}^{N-1}x'(n)z'(n)$$

$$R_{xz'}(0)=\frac{1}{N}\sum_{n=0}^{N-1}x(n)z'(n);\ R_{x'z}(0)=\frac{1}{N}\sum_{n=0}^{N-1}x'(n)z(n)$$

$$R_{yz}(0)=\frac{1}{N}\sum_{n=0}^{N-1}y(n)z(n);\ R_{y'z'}(0)=\frac{1}{N}\sum_{n=0}^{N-1}y'(n)z'(n)$$

$$R_{yz'}(0)=\frac{1}{N}\sum_{n=0}^{N-1}y(n)z'(n);\ R_{y'z}(0)=\frac{1}{N}\sum_{n=0}^{N-1}y'(n)z(n) \tag{2.66}$$

则 $R_{xz}(0)$、$R_{x'z'}(0)$、$R_{xz'}(0)$、$R_{x'z}(0)$、$R_{yz}(0)$、$R_{y'z'}(0)$、$R_{yz'}(0)$、$R_{y'z}(0)$分别为：

$$R_{xz}(0)=\frac{AC}{2}\cos(\theta_3-\theta_1)+\frac{AC}{2N}\sum_{n=0}^{N-1}\cos(2\omega_0 n+\theta_1+\theta_3)$$

$$R_{x'z'}(0)=\frac{AC}{2}\cos(\theta_3-\theta_1)-\frac{AC}{2N}\sum_{n=0}^{N-1}\cos(2\omega_0 n+\theta_1+\theta_3)$$

$$R_{xz'}(0)=\frac{AC}{2}\sin(\theta_3-\theta_1)+\frac{AC}{2N}\sum_{n=0}^{N-1}\sin(2\omega_0 n+\theta_1+\theta_3)$$

$$R_{x'z}(0)=-\frac{AC}{2}\sin(\theta_3-\theta_1)+\frac{AC}{2N}\sum_{n=0}^{N-1}\sin(2\omega_0 n+\theta_1+\theta_3)$$

$$R_{yz}(0)=\frac{BC}{2}\cos(\theta_3-\theta_2)+\frac{BC}{2N}\sum_{n=0}^{N-1}\cos(2\omega_0 n+\theta_2+\theta_3)$$

$$R_{y'z'}(0)=\frac{BC}{2}\cos(\theta_3-\theta_2)-\frac{BC}{2N}\sum_{n=0}^{N-1}\cos(2\omega_0 n+\theta_2+\theta_3)$$

$$R_{yz'}(0)=\frac{BC}{2}\sin(\theta_3-\theta_2)+\frac{BC}{2N}\sum_{n=0}^{N-1}\sin(2\omega_0 n+\theta_2+\theta_3)$$

$$R_{y'z}(0)=-\frac{BC}{2}\sin(\theta_3-\theta_2)+\frac{BC}{2N}\sum_{n=0}^{N-1}\sin(2\omega_0 n+\theta_2+\theta_3) \tag{2.67}$$

推导过程中利用了信号与噪声、噪声与噪声之间互不相关的特性，以及三角和差公式。

Step 5：利用正弦和相关函数的性质，求得相位差计算公式。

由式(2.67)可得：

$$R_{xz}(0)+R_{x'z'}(0)=AC\cos(\theta_3-\theta_1)$$
$$R_{xz'}(0)-R_{x'z}(0)=AC\sin(\theta_3-\theta_1)$$
$$R_{yz}(0)+R_{y'z'}(0)=BC\cos(\theta_3-\theta_2)$$

$$R_{yz'}(0)-R_{y'z}(0)=BC\sin(\theta_3-\theta_2) \tag{2.68}$$

由三角公式：

$$\begin{aligned}
\sin(\theta_2-\theta_1)&=\sin[(\theta_3-\theta_1)-(\theta_3-\theta_2)]\\
&=\sin(\theta_3-\theta_1)\cos(\theta_3-\theta_2)-\cos(\theta_3-\theta_1)\sin(\theta_3-\theta_2)\\
&=\frac{(R_{xz'}-R_{x'z})}{AC}\cdot\frac{(R_{yz}+R_{y'z'})}{BC}-\frac{(R_{xz}+R_{x'z'})}{AC}\cdot\frac{(R_{yz'}-R_{y'z})}{BC}\\
\cos(\theta_2-\theta_1)&=\cos[(\theta_3-\theta_1)-(\theta_3-\theta_2)]\\
&=\cos(\theta_3-\theta_1)\cos(\theta_3-\theta_2)+\sin(\theta_3-\theta_1)\sin(\theta_3-\theta_2)\\
&=\frac{(R_{xz}+R_{x'z'})}{AC}\cdot\frac{(R_{yz}+R_{y'z'})}{BC}+\frac{(R_{xz'}-R_{x'z})}{AC}\cdot\frac{(R_{yz'}-R_{y'z})}{BC}
\end{aligned} \tag{2.69}$$

$$\begin{aligned}
\tan(\theta_2-\theta_1)&=\frac{\sin(\theta_2-\theta_1)}{\cos(\theta_2-\theta_1)}\\
&=\frac{(R_{xz'}-R_{x'z})(R_{yz}+R_{y'z'})-(R_{xz}+R_{x'z'})(R_{yz'}-R_{y'z})}{(R_{xz}+R_{x'z'})(R_{yz}+R_{y'z'})+(R_{xz'}-R_{x'z})(R_{yz'}-R_{y'z})}
\end{aligned} \tag{2.70}$$

所以，可得相位差为：

$$\begin{aligned}
\Delta\theta&=\theta_2-\theta_1\\
&=\arctan\left[\frac{(R_{xz'}-R_{x'z})(R_{yz}+R_{y'z'})-(R_{xz}+R_{x'z'})(R_{yz'}-R_{y'z})}{(R_{xz}+R_{x'z'})(R_{yz}+R_{y'z'})+(R_{xz'}-R_{x'z})(R_{yz'}-R_{y'z})}\right]
\end{aligned} \tag{2.71}$$

式(2.71)即为本节所述多次互相关的相位差测量方法的相位差计算公式。与相关法、双相关法的相位差计算公式相比，本节方法无须计算信号的幅度值 A 和 B，从而避免了计算幅度值所引入的测量误差，进而提高了相关方法的相位差测量精度。同时，本节方法充分利用了两路增强信号和两路相移信号与两路参考信号的相关关系，经过多次相关运算后，可增强信号的信噪比，本节方法推导过程中未做任何省略，推导所得的计算结果是无偏的，且不受选取相关长度 N 的影响，使得该方法更具鲁棒性、动态性和普适性。

需要说明的是，文献[14]在相关法的研究基础上，通过多次对两路信号进行互相关运算得到多重互相关函数，再利用相关原理求解相位差，其相位差计算公式如式(2.72)所示。

$$\Delta\theta=\theta_2-\theta_1=\frac{\arccos\left[\dfrac{2^{2^{n-1}}R_{XY}(0)}{A^{2^{n-1}}B^{2^{n-1}}}\right]}{2^{n-1}} \tag{2.72}$$

式(2.72)中，$R_{XY}(0)$为进入最后一级互相关器的两路输入信号的互相关函数零时刻的值。依据参考文献[14]，由式(2.72)的推导过程可以看出，利用多重互相关法求解相位差仍需计算$R_{XY}(0)$和幅度值A、B，均受非整周期采样的影响，仅在整周期采样条件下才不存在相位差测量误差。在非整周期采样条件下，幅度值A、B和$R_{XY}(0)$的计算值会存在测量误差，经多重互相关器后，代入公式(2.72)中，其相位差测量精度会更差，且每经过一级互相关器，代价是计算量的增加和计算周期的提高，因此，文献[14]中的多重互相关法的实用性较差。本节在文献[14]的研究基础上，借鉴其巧妙的思想，介绍的多次互相关的相位测量方法可消除非整周期采样的影响，进而达到提高相位差测量精度的目的。

另需说明的是，由于科氏流量计需要估计信号的频率和相位，才可以进行质量流量的测量，因此本节所述的相位差测量方法中采用自适应格型陷波器来滤波和估计频率，是为了便于科氏流量计的信号处理和开展实验平台的应用验证。针对雷达测距系统中多段同频信号的相位差测量，本节介绍的多次互相关的相位测量方法更加适用，对多段信号滤波后直接进行希尔伯特变换，再进行相互间的相关运算，利用正弦和相关函数的性质即可求得信号间的相位差，其基本原理和实现步骤是一致的。

此外，对比本节和本书2.3节可以看出，本书2.3节所述改进型双相关的相位差测量方法可视为本节所述方法的一种特殊情况，即：当$\theta_3=\theta_1$或$\theta_3=\theta_2$时，两种方法相位差测量式(2.50)和式(2.71)的计算结果是一样的。两种方法的原理基本相同，均是利用了原始信号和相移信号之间的相关关系，区别在于本节方法进行了多次互相关运算，可进一步消除互不相关的噪声影响，因此，本节所述方法的相位差测量精度将优于本书2.3节所述的相位差测量方法。

2.4.3 仿真实验

为验证本章所述方法的有效性，利用Matlab软件分别对相关法、双相关法、改进型双相关法(本文2.3节方法)、多次互相关法(本节方法)进行了实验分析。假设两正弦信号序列如式(2.32)所示。不同信噪比的对比实验如图2.10和图2.11所示。不同相关长度N的对比实验如图2.12和图2.13所示。

由图2.10至图2.13所示可得：在不同信噪比条件下，相位差的均方根误差随着信噪比的增加呈逐渐减小的趋势，且本章所提的2.3节方法和本节方法一直处于相关法和双相关法的下方，说明本章所提的两种方法好于相关法和双相关法。此外，仅在同时满足较高信噪比和整周期采样的条件下，相关法和双相关法的相位差测量精度才接近本章所提两种方法的相位差测量精度。本章所提两种方法不受整周期和非整周期的影响，均保持着较高的相位差测量精度。此外，在较高信噪比条件下，本节方法与本文 2. 3 节方法精度相当；在较低信噪比条件下，本节方法好于本文 2. 3 节所提方法。其原因在于，与本文 2. 3 节方法相比，本节方法进行了更多次的互相关运算，进一步消除了互不相关的噪声影响，进而才提高了低信噪比条件下的相位差测量精度。

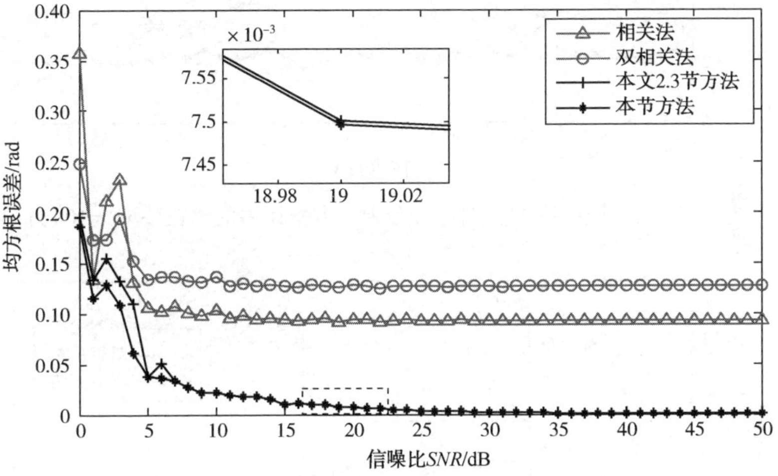

图 2. 10　不同信噪比条件下相位差均方根误差的比较（$N=25$）

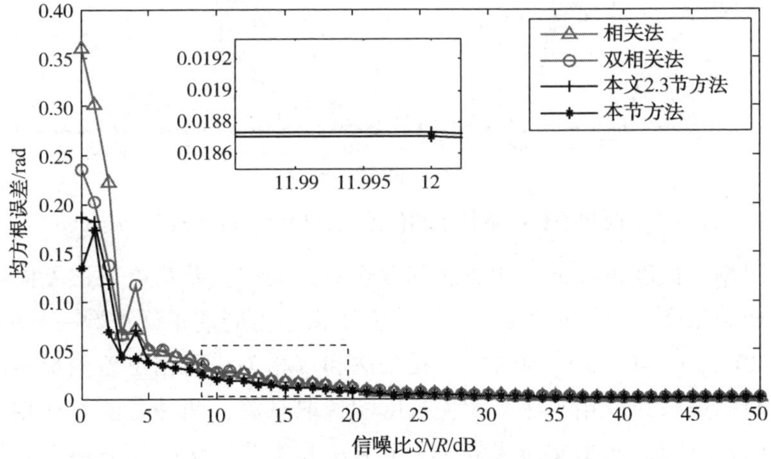

图 2. 11　不同信噪比条件下相位差均方根误差的比较（$N=30$）

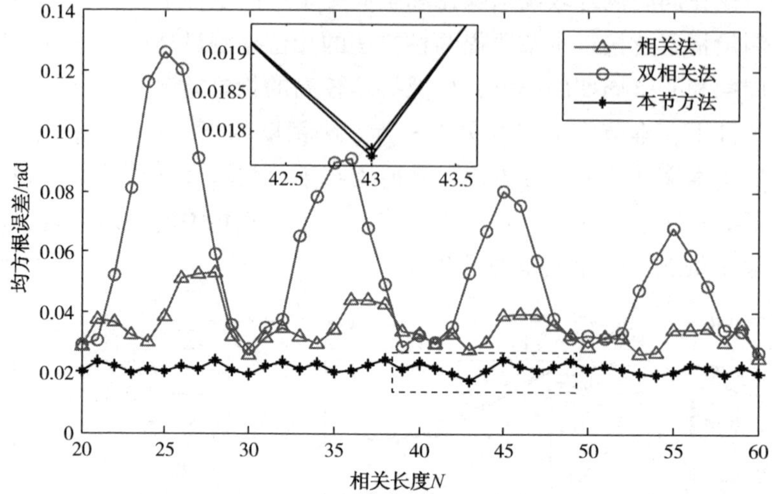

图 2.12　不同相关长度条件下相位差均方根误差的比较($SNR=10\text{dB}$)

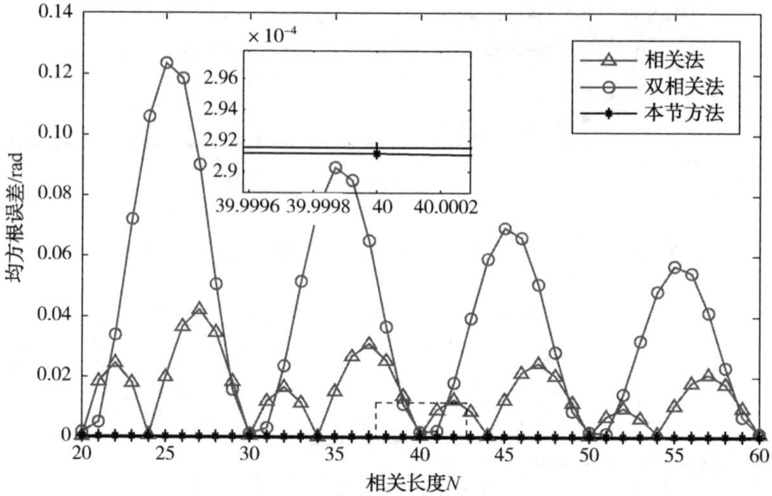

图 2.13　不同相关长度条件下相位差均方根误差的比较($SNR=30\text{dB}$)

在不同相关长度条件下，相关法和双相关法的相位差均方根误差曲线呈现震荡趋势，相关长度为整周期时(如前所述实质指原整周期采样点数一半的整数倍，即在靠近 20、30、40、50、60 时)，相关法和双相关法的相位差测量精度达到最优值，说明相关法和双相关法与相关长度的选取有关，两种方法要求相关长度与信号整周期相匹配；而本文所提的 2.3 节方法和本节方法的均方根误差趋为一条直线，说明本文所提的两种方法不受采样是否整周期的影响，均保持着较高的相位差测量精度。本节方法略好于本文 2.3 节所提方法，其原因在于，本节方法进行了更多次的互相关运算，进一步消除了互不相关的噪声影响，进而才提高了相位差的测量精度。

本文所述两种方法不受整周期和非整周期的影响，具有更好的抗噪性能，且均保持着较高的相位差测量精度。为此，可以说明：本文所述的两种方法更具普适性和抗噪性。

2.5 小结

本章从时域方面的视角，对相位差测量中应用较为广泛的相关法进行了分析研究。由误差分析可知，相关法存在相位差测量误差的主要原因是噪声和相关长度非整周期的影响。为提高相关法的相位差测量精度，本章介绍了三种基于相关的非整周期信号相位差测量方法，详细阐述了三种方法的基本原理及实现流程，并进行了仿真比较和性能分析。

研究表明有如下结论：

(1) 数据延拓式相关的相位差测量方法，通过利用已有数据，并结合数据延拓的思想，使数据长度调整为整周期长度，从而克服了相关法相关长度非整周期的影响，进而提高了短时平稳非整周期采样信号情况下的相位差测量精度。然而，该方法仍需对整周期内的所有数据进行计算，仍存在计算复杂的问题，不利于实现动态相位的测量。

(2) 改进型双相关的相位差测量方法，是在双相关法的研究基础上，充分利用原始信号和相移信号的相关运算提出的，并对其中存在相移误差的情况进行了误差分析，且提出了补偿方法。仿真结果表明，改进型双相关法克服了非整周期采样的问题，提高了相位差的测量精度，具有较好的抗噪性能和动态性能。

(3) 在前期的研究基础上，为使所述方法更具普适性和抗噪性，本章介绍了多次互相关的相位差测量方法。由分析可知，改进型双相关法可视为多次互相关的相位差测量方法的一种特殊情况，多次互相关的相位差测量方法是对改进型双相关法的一种提炼和升华，通过多次互相关运算来进一步消除互不相关噪声的影响，进而达到提高相位差测量精度的目的。文中还就应用于不同领域的情况，指出了多次互相关的相位差测量方法实现步骤的区别。理论分析和仿真实验均证实了本章所述多次互相关法的正确性和有效性。

3　基于相频匹配的信号相位差测量方法

针对持续时间短、非半周期采样、低信噪比条件下采样信号的相位差估计问题，本章介绍了相位差估计的相频匹配方法原理，阐述了相位差估计的相频匹配算法，包括基于数据延拓和 Hilbert 变换的相位差估计相频匹配算法、基于相位校正互相关的相位差估计相频匹配算法和基于变频 DTFT 的相位差估计相频匹配算法，旨在提高采样信号的相位差估计精度，改善相位差估计的抗噪性和实时性。

3.1　相位差估计的相频匹配方法原理

3.1.1　方法原理

针对采样信号的相位差估计，根据相频匹配的基本思想，类比于频率估计的相频匹配方法原理，提出先频率匹配、后相位匹配的相位差估计的相频匹配方法原理，如图 3.1 所示，具体为：

（1）频率匹配：为实现采样信号与参考信号的频率匹配，利用频率估计的相频匹配方法等对采样信号进行频率估计，并根据频率估计值生成两路相互正交的参考信号，为相位匹配和相位差求解奠定基础。

（2）相位匹配：为消除采样信号的相移信号与其正交分量的相位匹配对整周期采样或者采样频率的依赖性，利用数据延拓和 Hilbert 变换、信号时移和相位校正等方式对采样信号进行 90°相移，实现采样信号的相移信号与其正交分量的相位匹配。

（3）相位差求解：利用采样信号及其相移信号、参考信号计算两路信号的相位差，获得采样信号的相位差估计值。采样信号的相位差估计精度取决于参考信号与采样信号的频率匹配程度以及采样信号的相移信号与其正交分量的相位匹配程度。当参考信号与采样信号最接近频率匹配和采样信号的相移信号与其正交分量最接近相位匹配时，采样信号的相位差估计值最逼近采样信号相位差的真实值。在理想情况下，当参考信号与采样信号绝对频率匹配和采样信号的相移信号与其正交分量绝对相位匹配时，采样信号的相位差估计值等于采样信号相位差的真实值。

图 3.1　相位差估计的相频匹配方法原理

3.1.2　实现流程

设有两路采样信号 $x(n)$ 和 $y(n)$ 分别为：

$$\begin{cases} x(n)=A\cos(\omega n+\theta_1) \\ y(n)=B\cos(\omega n+\theta_2) \end{cases} \quad n=1,\ 2,\ \cdots,\ N \tag{3.1}$$

式中 ω 为 $x(n)$ 和 $y(n)$ 的频率，N 为 $x(n)$ 和 $y(n)$ 的信号长度，A 和 B 分别为 $x(n)$ 和 $y(n)$ 的幅度值，θ_1 和 θ_2 分别为 $x(n)$ 和 $y(n)$ 的初相位。

（1）频率匹配

由相位差估计的相频匹配方法原理可知，参考信号与采样信号的频率匹配是准确实现采样信号的相移信号与其正交分量相位匹配的前提和基础。为实现参考信号与采样信号的频率匹配，利用频率估计的相频匹配方法等对采样信号进行频率估计，并根据采样信号的频率估计值 $\hat{\omega}$ 生成两路相互正交的参考信号 $h(k)$ 和 $\hat{h}(k)$，$h(k)$ 和 $\hat{h}(k)$ 分别如式(3.2)和式(3.3)所示。

$$h(k)=\cos(k\hat{\omega}) \tag{3.2}$$

$$\hat{h}(k)=\sin(k\hat{\omega}) \tag{3.3}$$

（2）相位匹配

由相位差估计的相频匹配方法原理可知，采样信号的相移信号与其正交分量的相位匹配程度直接关系到采样信号的相位差估计精度。采样信号的相移信号与其正交分量的相位匹配可以通过采样信号 90°相移的方式实现。为实现采样信号的相移信号与其正交分量的相位匹配，提出通过数据延拓和 Hilbert 变换、信号时移和相位校正等 90°相移方式实现采样信号的相移信号与其正交分量的相位匹配，其基本思想为：

（a）利用数据延拓和 Hilbert 变换实现采样信号的相移信号与其正交分量的相位匹配。

Hilbert 变换能够实现采样信号的 90°相移，但前提是保证采样信号满足整周期采样。因此，为借助 Hilbert 变换准确实现采样信号的 90°相移，提出利用正弦信号的线性预测性质对采样信号进行数据延拓，使经过数据延拓得到的信号(简称数据延拓信号)接近整周期采样信号。数据延拓信号 $x(n+k)$ 的计算公式如式(3.4)所示。

$$x(n+k)=2h(k)x(n)-x(n-k) \tag{3.4}$$

当数据延拓信号为整周期采样信号时，数据延拓信号的 Hilbert 变换与采样信号的正交分量相位匹配。

(b) 利用信号时移和相位校正实现采样信号的相移信号与其正交分量的相位匹配。

三角函数的恒等变换如式(3.5)所示。

$$A\cos(n\omega+\theta-k\omega)=A\cos(n\omega+\theta)\cos(k\omega)+A\sin(n\omega+\theta)\sin(k\omega) \tag{3.5}$$

根据式(3.5)可得：

$$x(n-k)=x(n)h(k)+\hat{x}(n)\hat{h}(k) \tag{3.6}$$

由式(3.6)可知，采样信号 $x(n-k)$ 可以分解为其相移信号 $x(n)$ 及其正交分量 $\hat{x}(n)$、参考信号 $h(k)$ 和 $\hat{h}(k)$ 的乘积，利用采样信号 $x(n)$ 及其相移信号 $x(n-k)$、$h(k)$ 和 $\hat{h}(k)$ 可以获得采样信号 $x(n)$ 的正交分量 $\hat{x}(n)$。

当 $x(n)$ 和 $y(n)$ 的相移信号与其正交分量绝对相位匹配时，其相移信号 $\hat{x}(n)$ 和 $\hat{y}(n)$ 的期望值分别为：

$$\begin{cases} E[\hat{x}(n)]=A\sin(\omega n+\theta_1) \\ E[\hat{y}(n)]=B\sin(\omega n+\theta_2) \end{cases} \tag{3.7}$$

(3) 相位差求解

利用两路采样信号及其相移信号、参考信号计算 $x(n)$ 和 $y(n)$ 的初相位，得到两路采样信号的初相位计算公式分别为：

$$\theta_1=\tan^{-1}\left[\frac{\hat{x}(n)h(n)-x(n)\hat{h}(n)}{x(n)h(n)+\hat{x}(n)\hat{h}(n)}\right] \tag{3.8}$$

$$\theta_2=\tan^{-1}\left[\frac{\hat{y}(n)h(n)-y(n)\hat{h}(n)}{y(n)h(n)+\hat{y}(n)\hat{h}(n)}\right] \tag{3.9}$$

利用两路采样信号及其相移信号计算 $x(n)$ 和 $y(n)$ 的相位差，得到两路采样信号的相位差计算公式为：

$$\Delta\theta=\tan^{-1}\left[\frac{\hat{x}(n)y(n)-\hat{y}(n)x(n)}{x(n)y(n)+\hat{x}(n)\hat{y}(n)}\right] \tag{3.10}$$

由式(3.8)~式(3.10)可知：利用两路信号的相频匹配既可以实现两路信号的相位差估计，又可实现采样信号的初相位估计。

综上，相位差估计的相频匹配方法的实现流程为：

(1) 利用频率估计的相频匹配方法等对采样信号 $x(n)$ 和 $y(n)$ 进行频率估计，得到采样信号的频率估计值 $\hat{\omega}$，根据频率估计值 $\hat{\omega}$ 生成两路相互正交的参考信号 $h(k)$ 和 $\hat{h}(k)$，实现参考信号与采样信号的频率匹配。

(2) 通过采样信号的数据延拓和 Hilbert 变换或者信号时移和相位校正等方式对采样信号进行 90°相移，获得相移信号 $\hat{x}(n)$ 和 $\hat{y}(n)$，实现采样信号的相移信号与其正交分量的相位匹配。

(3) 利用采样信号 $x(n)$ 和 $y(n)$ 及其相移信号 $\hat{x}(n)$ 和 $\hat{y}(n)$、参考信号 $h(k)$ 和 $\hat{h}(k)$ 计算两路采样信号的相位差。

3.2 基于数据延拓和 Hilbert 变换的相位差估计相频匹配算法

针对持续时间短、低信噪比条件下非整周期采样信号的相位差估计问题，基于相位差估计的相频匹配方法原理，介绍基于数据延拓和 Hilbert 变换的相位差估计相频匹配算法。该算法通过参考信号与采样信号的频率匹配、数据延拓信号的 Hilbert 变换与其正交分量的相位匹配、参考信号与数据延拓信号及其 Hilbert 变换的互相关等技术获得两路采样信号的相位差估计值，其目标是抑制采样信号的非整周期采样对其 Hilbert 变换的影响，提高非整周期采样信号的相位差估计精度，改善抗噪性。

3.2.1 基本思想

为抑制采样信号的非整周期采样对其 Hilbert 变换和相位差估计的影响，提高非整周期采样信号的相位差估计精度，介绍一种基于数据延拓和 Hilbert 变换的相位差估计相频匹配算法，算法的基本思想如图 3.2 所示。

首先，利用频率估计的相频匹配方法对采样信号进行频率估计，根据频率估计值生成两路相互正交的参考信号，实现参考信号与采样信号的频率匹配。

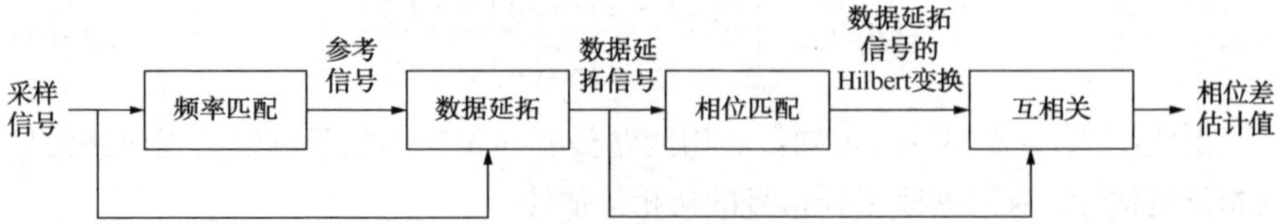

图 3.2 算法的基本思想

其次，对两路采样信号进行数据延拓，使数据延拓信号接近整周期采样信号，抑制采样信号的非整周期采样对其 Hilbert 变换的影响。

再次，对数据延拓信号进行 Hilbert 变换，实现数据延拓信号的 Hilbert 变换与其正交分量的相位匹配。

最后，通过参考信号和数据延拓信号及其 Hilbert 变换的互相关计算相位差估计值。

3.2.2 实现流程

设采样得到两路含噪实信号 $x(n)$ 和 $y(n)$ 分别为：

$$\begin{cases} x(n)=A\cos(\omega n+\theta_1)+z_x(n) \\ y(n)=B\cos(\omega n+\theta_2)+z_y(n) \end{cases} \quad n=1,\ 2,\ \cdots,\ N \tag{3.11}$$

式中 ω 为 $x(n)$ 和 $y(n)$ 的频率，A 和 B 分别为 $x(n)$ 和 $y(n)$ 的幅值，θ_1 和 θ_2 分别为 $x(n)$ 和 $y(n)$ 的初相位，N 为 $x(n)$ 和 $y(n)$ 的信号长度，$z_x(n)$ 和 $z_y(n)$ 是均值为零、方差为 σ^2 的高斯白噪声序列。

(1) 参考信号与采样信号的频率匹配

由 3.1 节可知，采样信号的数据延拓需要实现参考信号与采样信号的频率匹配。为实现参考信号与采样信号的频率匹配，利用频率估计的相频匹配方法计算采样信号的频率估计值，并根据频率估计值生成两路相互正交的参考信号 $h(n)$ 和 $\hat{h}(n)$，分别如式(3.12)和式(3.13)所示。

$$h(n)=\cos(\hat{\omega}n) \tag{3.12}$$

$$\hat{h}(n)=\sin(\hat{\omega}n) \tag{3.13}$$

式中 $\hat{\omega}$ 表示采样信号的频率估计值。当 $\hat{\omega}=\omega$ 时，参考信号与采样信号频率匹配。

(2) 采样信号的 Hilbert 变换与其正交分量的相位匹配

为抑制采样信号的非整周期采样对采样信号的 Hilbert 变换与其正交分量相位匹配的影响，根据正弦信号的线性预测性质对 $x(n)$ 和 $y(n)$ 进行数据延拓，得到数据延拓信号 x_e 和 y_e，使 x_e 和 y_e 接近整周期采样信号。

正弦信号的线性预测性质如式(3.14)所示。

$$2\cos(k\omega)s(n)=s(n+k)+s(n-k) \tag{3.14}$$

根据式(3.14)可得：

$$s(n+k)=2\cos(k\omega)s(n)-s(n-k) \tag{3.15}$$

根据式(3.15)计算 x_e 和 y_e 的第 $N+d$ 个元素 $x_e(N+d)$ 和 $y_e(N+d)$，得：

$$\begin{cases} x_e(N+d)=\dfrac{1}{B}\displaystyle\sum_{b=1}^{B}[2h(b)x(N+d-b)-x(N+d-2b)] \\ y_e(N+d)=\dfrac{1}{B}\displaystyle\sum_{b=1}^{B}[2h(b)y(N+d-b)-y(N+d-2b)] \end{cases} \tag{3.16}$$

式中 $d=1, 2, \cdots, D$，$N+D$ 表示数据延拓信号的长度，$B=\dfrac{N+d-1}{2}$，数据延拓信号的长度 $N+D$ 满足式(3.17)的要求。

$$\left|\frac{\hat{\omega}(N+D)}{2\pi}-\text{round}[\hat{\omega}(N+D)/(2\pi)]\right|\leqslant\delta \tag{3.17}$$

对采样信号进行数据延拓之后，得到的 x_e 和 y_e 如式(3.18)所示。

$$\begin{cases} x_e=\{x(1), x(2), \cdots, x(N), \cdots x_e(N+D)\} \\ y_e=\{y(1), y(2), \cdots, y(N), \cdots y_e(N+D)\} \end{cases} \tag{3.18}$$

对 x_e 和 y_e 进行 Hilbert 变换，得到 x_e 和 y_e 的 Hilbert 变换 $\hat{x}_e$ 和 $\hat{y}_e$。当 x_e 和 y_e 为整周期采样信号时，$\hat{x}_e$ 和 $\hat{y}_e$ 不存在端点效应，$\hat{x}_e$ 和 $\hat{y}_e$ 的初相位分别与 x_e 和 y_e 的初相位恰好相差 90°，即 $\hat{x}_e$ 和 $\hat{y}_e$ 分别与 x_e 和 y_e 的正交分量相位匹配，证明如下。

证明：

对于采样信号 $s(n)=A\cos(\omega n+\theta)$，利用离散傅里叶变换计算 $s(n)$ 的 Hilbert 变换的步骤为：

对 $s(n)$ 做 DFT，得 $S(k)$ 为：

$$S(k)=\sum_{n=0}^{N-1}s(n)\,\mathrm{e}^{-j\frac{2\pi}{N}nk} \tag{3.19}$$

令

$$S_1(k)=\begin{cases} S(k) & k=0 \\ 2S(k) & k=1, 2, \cdots, \dfrac{N}{2}-1 \\ 0 & k=\dfrac{N}{2}, \cdots, N-1 \end{cases} \tag{3.20}$$

对 $S_1(k)$ 做逆 DFT，得：

$$s_1(n)=\frac{1}{N}\left[\sum_{k=0}^{\frac{N}{2}-1}S_1(k)\ \mathrm{e}^{j\frac{2\pi}{N}nk}\right] \tag{3.21}$$

代入 $s(n)$ 并化简得：

$$s_1(n)\overset{\omega\triangleq\frac{2\pi}{N}k_1}{=}\frac{1}{N}\sum_{n_1=0}^{N-1}s(n_1)+\frac{A}{N}\sum_{k=0}^{\frac{N}{2}-1}\left\{\left[\sum_{n_1=0}^{N-1}\mathrm{e}^{j\theta}\ \mathrm{e}^{j\frac{2\pi}{N}(k_1-k)n_1}\right]\mathrm{e}^{j\frac{2\pi}{N}nk}\right\}+\frac{A}{N}\sum_{k=1}^{\frac{N}{2}-1}\left\{\left[\sum_{n_1=0}^{N-1}\mathrm{e}^{-j\theta}\ \mathrm{e}^{-j\frac{2\pi}{N}(k_1+k)n_1}\right]\mathrm{e}^{j\frac{2\pi}{N}nk}\right\} \tag{3.22}$$

当 $k=k_1$（k 为整数）时，式（3.22）可以化简为：

$$s_1(n)\overset{\omega\triangleq\frac{2\pi}{N}k_1}{=}\frac{A}{N}\left\{\sum_{k=1}^{\frac{N}{2}-1}\left[\left(\sum_{n_1=0}^{N-1}\mathrm{e}^{j\theta}\ \mathrm{e}^{j\frac{2\pi}{N}nk}\right)\right]\right\} \tag{3.23}$$

$$=A\cos(\omega n+\theta)+jA\sin(\omega n+\theta)=s(n)+j\hat{s}(n)$$

由式（3.23）可知，当 $\omega=\dfrac{2\pi}{N}k_1$（$k_1$ 为整数），即 $N\omega/(2\pi)=k_1$ 时，$s(n)$ 为整周期采样信号，其 Hilbert 变换的初相位与 $s(n)$ 的初相位恰好相差 90°，即 $\hat{s}(n)$ 与 $s(n)$ 的正交分量 $A\sin(\omega n+\theta)$ 相位匹配，这说明当采样信号整周期采样时，其 Hilbert 变换与其正交分量相位匹配，不存在端点效应。

因此，当 $x_e(n)$ 和 $y_e(n)$ 为整周期采样信号时，其 Hilbert 变换的期望值，$E[\hat{x}_e(n)]$ 和 $E[\hat{y}_e(n)]$ 分别为：

$$E[\hat{x}_e(n)]=A\sin(\omega n+\theta_1) \tag{3.24}$$

$$E[\hat{y}_e(n)]=B\sin(\omega n+\theta_2) \tag{3.25}$$

（3）参考信号与数据延拓信号及其 Hilbert 变换的互相关

为获得两路信号的相位差，对 $x(n)$ 及其 Hilbert 变换 $\hat{x}_e(n)$ 以及 $h(n)$ 和 $\hat{h}(n)$ 进行互相关，得到互相关信号 r_{11} 和 r_{12} 分别为：

$$r_{11}=\sum_{n=1}^{N+D}\left[x_e(n)h(n)+\hat{x}_e(n)\ \hat{h}(n)\right] \tag{3.26}$$

$$r_{12}=\sum_{n=1}^{N+D}[\hat{x}_e(n)h(n)-x_e(n)\hat{h}(n)] \tag{3.27}$$

当参考信号与采样信号频率匹配，即 $\hat{\omega}=\omega$ 时，r_{11} 和 r_{12} 的期望值 $E(r_{11})$ 和 $E(r_{12})$ 分别为：

$$E(r_{11})=(N+D)A\cos(\theta_1) \tag{3.28}$$

$$E(r_{12})=(N+D)A\sin(\theta_1) \tag{3.29}$$

因此，利用 r_{11} 和 r_{12} 计算 $x(n)$ 的初相位，得：

$$\hat{\theta}_1=\tan^{-1}\left(\frac{r_{12}}{r_{11}}\right) \tag{3.30}$$

同理，计算互相关信号 r_{21} 和 r_{22}，得：

$$r_{21}=\sum_{n=1}^{N+D}[y_e(n)h(n)+\hat{y}_e(n)\hat{h}(n)] \tag{3.31}$$

$$r_{22}=\sum_{n=1}^{N+D}[\hat{y}_e(n)h(n)-y_e(n)\hat{h}(n)] \tag{3.32}$$

利用 r_{21} 和 r_{22} 计算 $y(n)$ 的初相位，得：

$$\hat{\theta}_2=\tan^{-1}\left(\frac{r_{22}}{r_{21}}\right) \tag{3.33}$$

利用式(3.34)计算两路采样信号的相位差 $\Delta\theta=\theta_2-\theta_1$，得：

$$\Delta\theta=\tan^{-1}\left(\frac{\tan\hat{\theta}_2-\tan\hat{\theta}_1}{1+\tan\hat{\theta}_1\tan\hat{\theta}_2}\right) \tag{3.34}$$

由上述分析可知，本节算法的计算流程如下：

(1) 利用频率估计的相频匹配方法计算 $x(n)$ 和 $y(n)$ 的频率估计值 $\hat{\omega}$，根据 $\hat{\omega}$、式(3.12)和式(3.13)生成两路相互正交的参考信号 $h(n)$ 和 $\hat{h}(n)$；

(2) 利用式(3.16)~式(3.18)计算数据延拓信号 x_e 和 y_e，并对 x_e 和 y_e 进行 Hilbert 变换，获得其 Hilbert 变换 $\hat{x}_e$ 和 $\hat{y}_e$；

(3) 利用式(3.34)计算两路采样信号的相位差 $\Delta\theta$。

以采样信号 $s(n)=a\cos(\omega n+\theta)$ 为例，对采样信号的传统 Hilbert 变换和本节算法的数据延拓和 Hilbert 变换进行分析。为分析两种 Hilbert 变换的端点效应，定义 $\hat{s}_o(n)$ 表示 $s(n)$ 的传统 Hilbert 变换，$\varepsilon_o(n)$ 表示 $\hat{s}_o(n)$ 与 $s(n)$ 的正交分量 $a\sin(\omega n+\theta)$ 的偏差，$\varepsilon_o(n)$ 如式(3.35)所示。

$$\varepsilon_o(n)=\hat{s}_o(n)-a\sin(\omega n+\theta) \tag{3.35}$$

$s_e(n)$表示$s(n)$的数据延拓信号，$\hat{s}_e(n)$表示$s_e(n)$的 Hilbert 变换，$\varepsilon_e(n)$表示$\hat{s}_e(n)$与$s_e(n)$的正交分量$a\sin(\omega n+\theta)$的偏差，$\varepsilon_e(n)$如式(3.36)所示。

$$\varepsilon_e(n)=\hat{s}_e(n)-a\sin(\omega n+\theta) \tag{3.36}$$

仿真实验中，设定采样信号的幅值为$a=1$，信号长度为$N=50$，频率为$\omega=0.1\pi$和$\omega=0.146\pi$，初相位为$\theta=0°$。图 3.3 阐述了$s(n)$、$s_e(n)$的 Hilbert 变换与其正交分量的误差。

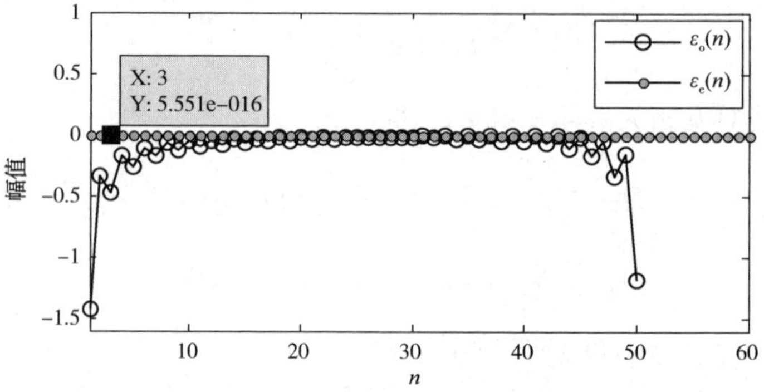

(a)$\omega=0.1\pi$

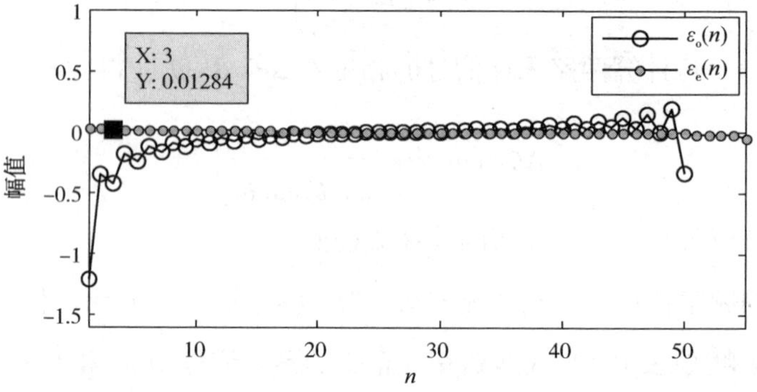

(b)$\omega=0.146\pi$

图 3.3　采样信号的 Hilbert 变换与其正交分量的误差

由图 3.3(a)可知，当$\omega=0.1\pi$时，$s_e(n)$的长度N_e为 60，比$s(n)$多 10 个采样点。在数据延拓之前，$s(n)$共包含$N\omega/(2\pi)=2.5$个周期的采样信号，不满足整周期采样。因此，$s(n)$的传统 Hilbert 变换与其正交分量$a\sin(\omega n+\theta)$存在偏差，尤其是在信号两端，两者偏差较大。$s_e(n)$共包含$N_e\omega/(2\pi)=3$个周期的采样信号，满足整周期采样，$\varepsilon_e(n)$等于零，这说明$s_e(n)$的 Hilbert 变换等于其正交分量$a\sin(\omega n+\theta)$。当$\omega=0.146\pi$时，$s_e(n)$的长度N_e为 55，比$s(n)$多 5 个采样点。$s_e(n)$共包含$N_e\omega/(2\pi)=4.015$个周期的采样信号，不满足整周期采

样，所以其 Hilbert 变换与其正交分量 $a\sin(\omega n+\theta)$ 存在一定的偏差，但明显小于$s(n)$的传统Hilbert变换与 $a\sin(\omega n+\theta)$ 的偏差。由上述分析可知：采样信号的非整周期采样会造成采样信号的 Hilbert 变换与其正交分量相位不匹配，是导致相位差估计的 Hilbert 变换方法成为有偏估计的根本原因。采样信号的数据延拓能够有效抑制非整周期采样对 Hilbert 变换的影响，有助于实现采样信号 Hilbert 变换与其正交分量的相位匹配，为提高非整周期采样信号的相位差估计精度奠定了基础。

3.2.3 性能分析

根据克拉美罗下限的推导方法，推导高斯白噪声条件下两路同频等幅正弦信号相位差估计的克拉美罗下限，具体如下：

设有两路同频等幅含噪实信号，$x(n)$和$y(n)$分别为：

$$\begin{cases} x(n)=a\cos(\omega n+\theta_1)+z_x(n) \\ y(n)=a\cos(\omega n+\theta_2)+z_y(n) \end{cases}, \quad n=0,\ 1,\ \cdots,\ N-1 \tag{3.37}$$

式中ω为$x(n)$和$y(n)$的频率，a为$x(n)$和$y(n)$的幅值，θ_1和$\theta_2=\theta_1+\Delta\theta$分别为$x(n)$和$y(n)$的初相位，$N$为$x(n)$和$y(n)$的信号长度，参数矢量为$\theta=[a,\ \theta_1,\ \Delta\theta,\ \omega]$，$z_x(n)$和$z_y(n)$是均值为零、方差为$\sigma^2$的高斯白噪声序列，则可得到关于$x(n)$和$y(n)$的似然函数$p(\boldsymbol{x},\ \boldsymbol{y},\ \boldsymbol{\theta})$为：

$$p(\boldsymbol{x},\ \boldsymbol{y},\ \boldsymbol{\theta})=(2\pi\sigma^2)^{-\frac{2N}{2}}\exp\left\{-\frac{1}{2\sigma^2}\left[\begin{array}{l}\sum\limits_{n=0}^{N-1}(x(n)-a\cos(n\omega+\theta_1))^2 \\ +\sum\limits_{n=0}^{N-1}(y(n)-a\cos(n\omega+\theta_1+\Delta\theta))^2\end{array}\right]\right\} \tag{3.38}$$

对数似然函数$\ln p(\boldsymbol{x},\ \boldsymbol{y},\ \boldsymbol{\theta})$为：

$$\ln p(\boldsymbol{x},\ \boldsymbol{y},\ \boldsymbol{\theta})=-N\ln(2\pi\sigma^2)-\frac{1}{2\sigma^2}\left[\begin{array}{l}\sum\limits_{n=0}^{N-1}(x(n)-a\cos(n\omega+\theta_1))^2 \\ +\sum\limits_{n=0}^{N-1}(y(n)-a\cos(n\omega+\theta_1+\Delta\theta))^2\end{array}\right] \tag{3.39}$$

由于$\boldsymbol{\theta}=[a,\ \theta_1,\ \Delta\theta,\ \omega]$包括四个未知参数，所以为获得各被估计参数的克拉美罗下限，需要计算 4×4 的 Fisher 信息矩阵$\boldsymbol{I}(\boldsymbol{\theta})$，即：

$$
\boldsymbol{I}(\boldsymbol{\theta})=\begin{bmatrix}
-E\left[\frac{\partial^2 \ln p(\boldsymbol{x},\boldsymbol{y},\boldsymbol{\theta})}{\partial a^2}\right],-E\left[\frac{\partial^2 \ln p(\boldsymbol{x},\boldsymbol{y},\boldsymbol{\theta})}{\partial a\partial \theta_1}\right],-E\left[\frac{\partial^2 \ln p(\boldsymbol{x},\boldsymbol{y},\boldsymbol{\theta})}{\partial a\partial \Delta\theta}\right],-E\left[\frac{\partial^2 \ln p(\boldsymbol{x},\boldsymbol{y},\boldsymbol{\theta})}{\partial a\partial \omega}\right] \\
-E\left[\frac{\partial^2 \ln p(\boldsymbol{x},\boldsymbol{y},\boldsymbol{\theta})}{\partial \theta_1\partial a}\right],-E\left[\frac{\partial^2 \ln p(\boldsymbol{x},\boldsymbol{y},\boldsymbol{\theta})}{\partial \theta_1^2}\right],-E\left[\frac{\partial^2 \ln p(\boldsymbol{x},\boldsymbol{y},\boldsymbol{\theta})}{\partial \theta_1\partial \Delta\theta}\right],-E\left[\frac{\partial^2 \ln p(\boldsymbol{x},\boldsymbol{y},\boldsymbol{\theta})}{\partial \theta_1\partial \omega}\right] \\
-E\left[\frac{\partial^2 \ln p(\boldsymbol{x},\boldsymbol{y},\boldsymbol{\theta})}{\partial \Delta\theta\partial a}\right],-E\left[\frac{\partial^2 \ln p(\boldsymbol{x},\boldsymbol{y},\boldsymbol{\theta})}{\partial \Delta\theta\partial \theta_1}\right],-E\left[\frac{\partial^2 \ln p(\boldsymbol{x},\boldsymbol{y},\boldsymbol{\theta})}{\partial \Delta\theta^2}\right],-E\left[\frac{\partial^2 \ln p(\boldsymbol{x},\boldsymbol{y},\boldsymbol{\theta})}{\partial \Delta\theta\partial \omega}\right] \\
-E\left[\frac{\partial^2 \ln p(\boldsymbol{x},\boldsymbol{y},\boldsymbol{\theta})}{\partial \omega\partial a}\right],-E\left[\frac{\partial^2 \ln p(\boldsymbol{x},\boldsymbol{y},\boldsymbol{\theta})}{\partial \omega\partial \theta_1}\right],-E\left[\frac{\partial^2 \ln p(\boldsymbol{x},\boldsymbol{y},\boldsymbol{\theta})}{\partial \omega\partial \Delta\theta}\right],-E\left[\frac{\partial^2 \ln p(\boldsymbol{x},\boldsymbol{y},\boldsymbol{\theta})}{\partial \omega^2}\right]
\end{bmatrix} \tag{3.40}
$$

其中，$[\boldsymbol{I}(\boldsymbol{\theta})]_{11}=\frac{1}{\sigma^2}\sum_{n=0}^{N-1}[\cos^2(n\omega+\theta_1)+\cos^2(n\omega+\theta_1+\Delta\theta)]=\frac{N}{\sigma^2}$

$[\boldsymbol{I}(\boldsymbol{\theta})]_{12}=[\boldsymbol{I}(\boldsymbol{\theta})]_{21}=-\frac{1}{\sigma^2}\sum_{n=0}^{N-1}\frac{a}{2}[\sin(2(n\omega+\theta_1))+\sin(2(n\omega+\theta_1+\Delta\theta))]=0$

$[\boldsymbol{I}(\boldsymbol{\theta})]_{13}=[\boldsymbol{I}(\boldsymbol{\theta})]_{31}=-\frac{1}{\sigma^2}\sum_{n=0}^{N-1}a\sin(n\omega+\theta_1+\Delta\theta)\cos(n\omega+\theta_1+\Delta\theta)=0$

$[\boldsymbol{I}(\boldsymbol{\theta})]_{14}=[\boldsymbol{I}(\boldsymbol{\theta})]_{41}=-\frac{1}{\sigma^2}\sum_{n=0}^{N-1}\frac{na}{2}[\sin(2(n\omega+\theta_1))+\sin(2(n\omega+\theta_1+\Delta\theta))]=0$

$[\boldsymbol{I}(\boldsymbol{\theta})]_{22}=\frac{1}{\sigma^2}\sum_{n=0}^{N-1}a^2[\sin^2(n\omega+\theta_1)+\sin^2(n\omega+\theta_1+\Delta\theta)]=\frac{a^2N}{\sigma^2}$

$[\boldsymbol{I}(\boldsymbol{\theta})]_{23}=[\boldsymbol{I}(\boldsymbol{\theta})]_{32}=\frac{1}{\sigma^2}\sum_{n=0}^{N-1}a^2\sin^2(n\omega+\theta_1+\Delta\theta)=\frac{a^2N}{2\sigma^2}$

$[\boldsymbol{I}(\boldsymbol{\theta})]_{24}=[\boldsymbol{I}(\boldsymbol{\theta})]_{42}=\frac{1}{\sigma^2}\sum_{n=0}^{N-1}n\,a^2[\sin^2(n\omega+\theta_1)+\sin^2(n\omega+\theta_1+\Delta\theta)]=\frac{a^2N(N-1)}{2\sigma^2}$

$[\boldsymbol{I}(\boldsymbol{\theta})]_{33}=\frac{1}{\sigma^2}\sum_{n=0}^{N-1}a^2\sin^2(n\omega+\theta_1+\Delta\theta)=\frac{a^2N}{2\sigma^2}$

$[\boldsymbol{I}(\boldsymbol{\theta})]_{34}=[\boldsymbol{I}(\boldsymbol{\theta})]_{43}=\frac{1}{\sigma^2}\sum_{n=0}^{N-1}na^2\sin^2(n\omega+\theta_1+\Delta\theta)=\frac{a^2N(N-1)}{4\sigma^2}$

$[\boldsymbol{I}(\boldsymbol{\theta})]_{44}=\frac{1}{\sigma^2}\sum_{n=0}^{N-1}n^2a^2[\sin^2(n\omega+\theta_1)+\sin^2(n\omega+\theta_1+\Delta\theta)]=$

$\frac{a^2N(N-1)(2N-1)}{6\sigma^2}$

从而得到 Fisher 信息矩阵为：

$$I(\boldsymbol{\theta})=\begin{bmatrix} \frac{N}{\sigma^2} & 0 & 0 & 0 \\ 0 & \frac{a^2N}{\sigma^2} & \frac{a^2N}{2\sigma^2} & \frac{a^2N(N-1)}{2\sigma^2} \\ 0 & \frac{a^2N}{2\sigma^2} & \frac{a^2N}{2\sigma^2} & \frac{a^2N(N-1)}{4\sigma^2} \\ 0 & \frac{a^2N(N-1)}{2\sigma^2} & \frac{a^2N(N-1)}{4\sigma^2} & \frac{a^2N(N-1)(2N-1)}{6\sigma^2} \end{bmatrix} \tag{3.41}$$

根据 Fisher 信息矩阵计算相位差估计值均方误差的克拉美罗下限为：

$$\mathrm{var}(\Delta\hat{\theta})\geqslant[\boldsymbol{I}^{-1}(\boldsymbol{\theta})]_{33}=\frac{2}{N\eta} \tag{3.42}$$

式中 $\eta=a^2/(2\sigma^2)$ 表示信噪比。

3.3 基于相位校正互相关的相位差估计相频匹配算法

针对持续时间短、非半周期采样条件下采样信号的相位差估计问题，基于相位差估计的相频匹配方法原理，介绍基于相位校正互相关的相位差估计相频匹配算法。该算法通过参考信号与采样信号的频率匹配、采样信号的相位校正互相关、相移信号与相位校正互相关信号正交分量的相位匹配等技术获得两路采样信号的相位差估计值，其目标是消除非半周期采样对相位差估计的影响，实现采样信号相位差的无偏估计，提高非半周期采样信号的相位差估计精度，改善实时性。

3.3.1 基本思想

为消除采样信号相位差估计对半周期采样的依赖，提高相位差估计精度，改善相位差估计的动态性能，介绍一种基于相位校正互相关的相位差估计相频匹配算法，算法的基本思想如图 3.4 所示。

首先，利用基于线性预测自相关的频率估计相频匹配算法计算两路采样信号的频率估计值，并根据频率估计值生成两路相互正交的参考信号，实现参考信号与采样信号的频率匹配。

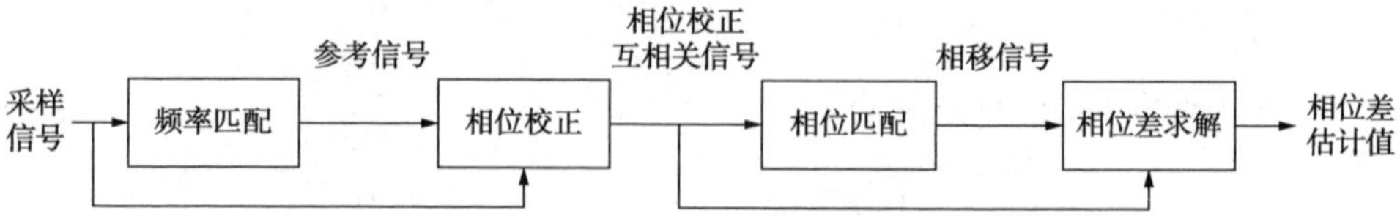

图 3.4　算法的基本思想

其次，对采样信号进行时移、互相关和相位校正，获得相位校正互相关信号，消除采样信号非半周期采样对互相关信号的影响。

再次，利用两路采样信号及其时移信号构造相移信号，实现相移信号与相位校正互相关信号正交分量的相位匹配。

最后，利用相移信号和相位校正互相关信号计算两路信号的相位差估计值。

3.3.2　实现流程

不失一般性，设在 t 时刻采样得到两路含噪实信号 $x(n)$ 和 $y(n)$ 分别为：

$$\begin{cases} x(n)=s_x(n)+z_x(n) \\ y(n)=s_y(n)+z_y(n) \end{cases} \quad n=1,\ 2,\ \cdots,\ N \tag{3.43}$$

式中 $s_x(n)=A\cos(\omega n+\theta_1)$，$s_y(n)=B\cos(\omega n+\theta_2)$，$\omega$ 为 $x(n)$ 和 $y(n)$ 的频率，A 和 B 分别为 $x(n)$ 和 $y(n)$ 的幅值，θ_1 和 θ_2 分别为 $x(n)$ 和 $y(n)$ 的初相位，N 为 $x(n)$ 和 $y(n)$ 的信号长度，$z_x(n)$ 和 $z_y(n)$ 是均值为零、方差为 σ^2 的高斯白噪声序列。

（1）参考信号与采样信号的频率匹配

由 3.1 节可知，利用信号时移和相位校正对采样信号进行 90°相移需要参考信号与采样信号频率匹配。为实现参考信号与采样信号的频率匹配，利用两段采样信号计算线性预测自相关信号 $r_L(k)$，得到 $r_L(k)$ 为：

$$r_L(k)=\sum_{n=p+1}^{N-p}\{[x(n+k)+x(n-k)]x(n)+[y(n+k)+y(n-k)]y(n)\} \tag{3.44}$$

利用式(3.45)计算频率粗略估计值 ω_1，得：

$$\omega_1=\cos^{-1}\left(\frac{d+\sqrt{d^2+8c^2}}{4c}\right) \tag{3.45}$$

式中 $c=\sum_{k=1}^{p-4}\{[r_L(k+1)+r_L(k+3)]r_L(k+2)\}$，$d=\sum_{k=1}^{p-4}\{[r_L(k)+r_L(k+4)]r_L(k+2)\}$。

利用基于线性预测自相关的频率估计相频匹配算法计算频率估计值，得到频率估计值 $\hat{\omega}$ 为：

$$\hat{\omega}=\omega_1+\frac{\left(\sum_{k=1}^{p} r_L(k)\cos(k\omega_1)\sum_{k=1}^{p} r_L(k)k\sin(k\omega_1)\right)-\sum_{k=1}^{p} r_L^2(k)\sum_{k=1}^{p}[k\cos(k\,\omega_1)\sin(k\,\omega_1)]}{\left(\sum_{k=1}^{p} r_L(k)k\sin(k\,\omega_1)\right)^2-\sum_{k=1}^{p} r_L^2(k)\sum_{k=1}^{p}[k\sin(k\,\omega_1)]^2} \tag{3.46}$$

根据 $\hat{\omega}$ 生成两路相互正交的参考信号 $h(n)$ 和 $\hat{h}(n)$，分别如式(3.47)和式(3.48)所示。

$$h(n)=\cos(\hat{\omega}n) \tag{3.47}$$

$$\hat{h}(n)=\sin(\hat{\omega}n) \tag{3.48}$$

当 $\hat{\omega}=\omega$ 时，参考信号 $h(n)$ 和 $\hat{h}(n)$ 与采样信号频率匹配。

(2) 相位校正互相关

对 $x(n)$ 和 $y(n)$ 时移 b 个采样点，得到时移信号 $x(n-b)$ 和 $y(n-b)$，并对 $x(n)$、$y(n)$ 及 $x(n-b)$ 和 $y(n-b)$ 进行互相关，得到互相关信号 r_1 如式(3.49)所示。

$$r_1=\sum_{n=b+1}^{N}[x(n)y(n)+x(n-b)y(n-b)] \tag{3.49}$$

将 $x(n)$、$y(n)$ 及 $x(n-b)$、$y(n-b)$ 代入式(3.49)得：

$$\begin{aligned}
r_1&=\sum_{n=b+1}^{N}\begin{bmatrix}AB\cos(\omega n+\theta_1)\cos(\omega n+\theta_2)\\+AB\cos(\omega n+\theta_1-b\omega)\cos(\omega n+\theta_2-b\omega)\end{bmatrix}+v_1\\
&=\sum_{n=b+1}^{N}\begin{bmatrix}\frac{1}{2}AB\cos(\theta_2-\theta_1)+\frac{1}{2}AB\cos(2\omega n+\theta_1+\theta_2)\\+\frac{1}{2}AB\cos(\theta_2-\theta_1)+\frac{1}{2}AB\cos(2\omega n+\theta_1+\theta_2-2b\omega)\end{bmatrix}+v_1\\
&=(N-b)AB\cos(\theta_2-\theta_1)+\sum_{n=b+1}^{N}AB\cos(2\omega n+\theta_1+\theta_2-b\omega)\cos b\omega+v_1
\end{aligned} \tag{3.50}$$

式中 $v_1=\sum_{n=b+1}^{N}[z_x(n)y(n)+z_y(n)x(n)+z_x(n-b)y(n-b)+z_y(n-b)x(n-b)]$ 表示两路采样信号不同时刻的噪声与噪声、噪声与信号的互相关函数。由于不同时刻的噪声以及噪声和信号是互不相关的，所以当 N 比较大时，v_1 约等于零，则 r_1

的期望值 $E(r_1)$ 为：

$$E(r_1)=(N-b)AB\cos(\theta_2-\theta_1)+\varepsilon_1\cos b\omega \tag{3.51}$$

式中 $\varepsilon_1=\sum_{n=b+1}^{N}AB\cos(2\omega n+\theta_1+\theta_2-b\omega)$。

对 $x(n)$、$y(n)$ 及 $x(n-b)$ 和 $y(n-b)$ 进行互相关，得到互相关信号 r_2 和 r_3 分别为：

$$r_2=\sum_{n=b+1}^{N}[x(n-b)y(n)] \tag{3.52}$$

$$r_3=\sum_{n=b+1}^{N}[x(n)y(n-b)] \tag{3.53}$$

将 $x(n)$、$y(n)$ 及 $x(n-b)$、$y(n-b)$ 分别代入式(3.52)和式(3.53)得：

$$\begin{aligned} r_2 &= \sum_{n=b+1}^{N}[AB\cos(\omega n+\theta_1-b\omega)\cos(\omega n+\theta_2)]+v_2 \\ &= \frac{1}{2}(N-b)AB\cos(\theta_2-\theta_1+b\omega)+ \\ &\quad \frac{1}{2}\sum_{n=b+1}^{N}[AB\cos(2\omega n-b\omega+\theta_1+\theta_2)]+v_2 \end{aligned} \tag{3.54}$$

$$\begin{aligned} r_3 &= \sum_{n=b+1}^{N}[AB\cos(\omega n+\theta_1)\cos(\omega n+\theta_2-b\omega)]+v_3 \\ &= \frac{1}{2}(N-b)AB\cos(\theta_2-\theta_1-b\omega)+ \\ &\quad \frac{1}{2}\sum_{n=b+1}^{N}[AB\cos(2\omega n-b\omega+\theta_1+\theta_2)]+v_3 \end{aligned} \tag{3.55}$$

式中 $v_2=\sum_{n=b+1}^{N}[s_x(n-b)\,z_y(n)\,+z_x(n-b)(s_y(n)\,+z_y(n))]$，

$v_3=\sum_{n=b+1}^{N}[s_y(n-b)\,z_x(n)\,+z_y(n-b)(s_x(n)\,+z_x(n))]$。

由于不同时刻的噪声以及噪声和信号是互不相关的，所以当 N 比较大时，v_2 和 v_3 约等于零，则 r_2 和 r_3 的期望值 $E(r_2)$ 和 $E(r_3)$ 分别为：

$$\begin{aligned} E(r_2) &= \frac{1}{2}(N-b)AB\cos(\theta_2-\theta_1+b\omega)+ \\ &\quad \frac{1}{2}\sum_{n=b+1}^{N}[AB\cos(2\omega n-b\omega+\theta_1+\theta_2)] \end{aligned} \tag{3.56}$$

$$E(r_3)=\frac{1}{2}(N-b)AB\cos(\theta_2-\theta_1-b\omega)+\frac{1}{2}\sum_{n=b+1}^{N}[AB\cos(2\omega n-b\omega+\theta_1+\theta_2)] \tag{3.57}$$

由式(3.51)、式(3.56)和式(3.57)可知，r_1 的期望值由$(N-b)AB\cos(\theta_2-\theta_1)$和 $\varepsilon_1\cos b\omega$ 两部分组成，r_2 的期望值由$\frac{1}{2}(N-b)AB\cos(\theta_2-\theta_1+b\omega)$和$\frac{1}{2}\sum_{n=b+1}^{N}[AB\cos(2\omega n-b\omega+\theta_1+\theta_2)]$两部分组成，$r_3$ 的期望值由$\frac{1}{2}(N-b)AB\cos(\theta_2-\theta_1-b\omega)$和$\frac{1}{2}\sum_{n=b+1}^{N}[AB\cos(2\omega n-b\omega+\theta_1+\theta_2)]$两部分组成。$r_1$、$r_2$ 和 r_3 期望值的第一项均含有两路采样信号的相位差信息，有助于相位差估计；其第二项为 r_1、r_2 和 r_3 的误差项，会造成互相关信号的相位失真。当$(N-b)\omega\neq q_I\pi$(q_I 为整数)，即采样信号非半周期采样时，r_1、r_2 和 r_3 的误差项不等于零，导致直接利用 r_1、r_2 和 r_3 难以实现两路信号相位差的无偏估计。因此，采样信号的非半周期采样造成互相关信号的相位失真，是导致采样信号相位差估计的互相关方法成为有偏估计的根本原因。

为消除互相关信号的误差项对相位差估计的影响，r_2 和 r_3 相加得：

$$r_2+r_3=\sum_{n=b+1}^{N}[x(n-b)y(n)+x(n)y(n-b)] \tag{3.58}$$

将 $x(n)$ 和 $y(n)$ 代入式(3.58)并化简得：

$$r_2+r_3=\left[(N-b)AB\cos(\theta_2-\theta_1)\cos b\omega+\sum_{n=b+1}^{N}AB\cos(2\omega n+\theta_1+\theta_2-b\omega)\right]+v_2+v_3 \tag{3.59}$$

根据式(3.51)和式(3.59)可知，r_1 和 r_2+r_3 均含有 $\sum_{n=b+1}^{N}AB\cos(2\omega n+\theta_1+\theta_2-b\omega)$，为消除互相关信号误差项对相位差估计的影响，忽略噪声 v_2+v_3，利用式(3.59)构造 $\sum_{n=b+1}^{N}AB\cos(2\omega n+\theta_1+\theta_2-b\omega)$，得：

$$\sum_{n=b+1}^{N}AB\cos(2\omega n+\theta_1+\theta_2-b\omega)=r_2+r_3-(N-b)AB\cos(\theta_2-\theta_1)\cos b\omega \tag{3.60}$$

将式(3.60)代入式(3.50)得：

$$r_1=(N-b)AB\cos(\theta_2-\theta_1)+(r_2+r_3)\cos b\omega-(N-b)AB\cos(\theta_2-\theta_1)\cos^2 b\omega+v_1 \tag{3.61}$$

忽略噪声 v_1，根据式(3.61)定义相位校正互相关信号，r_{P1}为：

$$r_{P1}=\frac{r_1-(r_2+r_3)h(b)}{1-h^2(b)} \tag{3.62}$$

当参考信号与采样信号频率匹配，即 $h(b)=\cos b\omega$ 时，r_{P1}的期望值 $E(r_{P1})$为：

$$E(r_{P1})=(N-b)AB\cos(\theta_2-\theta_1) \tag{3.63}$$

由式(3.63)和式(3.51)可知，受采样信号非半周期采样的影响，互相关信号 r_1 存在误差项，误差项的存在导致互相关信号的相位与理想信号 $(N-b)AB\cos(\theta_2-\theta_1)$ 的相位不匹配，相位校正互相关信号 r_{P1} 的相位等于两路信号的相位差。因此，相位校正互相关消除了采样信号非半周期采样对互相关信号的影响，有助于获得采样信号相位差的无偏估计。

(3) 相移信号与相位校正互相关信号正交分量的相位匹配

由式(3.63)可知，利用相位校正互相关信号计算相位差需要克服未知幅值 A 和 B 的影响。为消除未知幅值对相位差估计的影响，利用 r_2 和 r_3 相减可得：

$$\begin{aligned} r_3-r_2&=\sum_{n=b+1}^{N}[x(n)y(n-b)-x(n-b)y(n)] \\ &=(N-b)AB\sin(\theta_2-\theta_1)\sin(b\omega)+v_3-v_2 \end{aligned} \tag{3.64}$$

忽略噪声 v_3-v_2，根据式(3.64)构造相移信号 r_{P2}为：

$$r_{P2}=\frac{r_3-r_2}{\hat{h}(b)} \tag{3.65}$$

当参考信号与采样信号频率匹配，即$\hat{h}(b)=\sin(b\omega)$时，r_{P2}的期望值 $E(r_{P2})$为：

$$E(r_{P2})=(N-b)AB\sin(\theta_2-\theta_1) \tag{3.66}$$

由式(3.63)和式(3.66)可知，当频率估计值等于采样信号的频率时，相移信号与相位校正互相关信号相位相差 90°，幅值相等，即相移信号与相位校正互相关信号的正交分量相位匹配。为获得两路信号的相位差估计值，利用 r_{P1} 和 r_{P2} 计算相位差估计值，得到相位差估计值 $\Delta\theta=\theta_2-\theta_1$ 为：

$$\Delta\theta=\tan^{-1}\left(\frac{r_{P2}}{r_{P1}}\right)=\tan^{-1}\left\{\frac{(r_3-r_2)(1-h^2(b))}{[r_1-(r_2+r_3)h(b)]\hat{h}(b)}\right\} \tag{3.67}$$

在 $t+1$ 时刻采样得到第 $N+1$ 点含噪实信号 $x(N+1)$ 和 $y(N+1)$，则 x 和 y 最新的 N 点采样信号分别为：

$$\begin{cases} x=\{x(2),\ x(3),\ \cdots,\ x(N+1)\} \\ y=\{y(2),\ y(3),\ \cdots,\ y(N+1)\} \end{cases} \tag{3.68}$$

利用滑动自相关计算 $t+1$ 时刻第 k 点线性预测自相关信号 $r_{L,t+1}(k)$，得：

$$r_{L,t+1}(k)=r_L(k)+u(N-p+1,\ k)-u(p+1,\ k) \tag{3.69}$$

式中 $u(n,\ k)=[x(n+k)+x(n-k)]x(n)+[y(n+k)+y(n-k)]y(n)$。

式(3.69)是根据 $r_L(k)$ 计算 $r_{L,t+1}(k)$ 的递归公式，在式(3.45)和式(3.46)中用 $r_{L,t+1}(k)$ 代替 $r_L(k)$ 计算 $t+1$ 时刻的频率估计值 $\hat{\omega}_{t+1}$。

根据 r_1、r_2 和 r_3，分别利用式(3.70)、式(3.71)和式(3.72)计算 $t+1$ 时刻互相关信号 $r_{1,t+1}$、$r_{2,t+1}$ 和 $r_{3,t+1}$，得：

$$r_{1,t+1}=r_1+u_1(N+1)-u_1(b+1) \tag{3.70}$$

$$r_{2,t+1}=r_2+x(N+1-b)y(N+1)-x(1)y(b+1) \tag{3.71}$$

$$r_{3,t+1}=r_3+x(N+1)y(N+1-b)-x(b+1)y(1) \tag{3.72}$$

式中 $u_1(n)=x(n)y(n)+x(n-b)y(n-b)$。

式(3.70)、式(3.71)和式(3.72)是根据 r_1、r_2 和 r_3 计算 $r_{1,t+1}$、$r_{2,t+1}$ 和 $r_{3,t+1}$ 的递归公式，将 $\hat{\omega}_{t+1}$、$r_{1,t+1}$、$r_{2,t+1}$ 和 $r_{3,t+1}$ 分别代替 $\hat{\omega}$、r_1、r_2 和 r_3，代入式(3.62)、式(3.65)和式(3.67)计算 $t+1$ 时刻的相位差 $\Delta\theta_{t+1}$。

由上述分析可知，本节算法的计算流程如下所示：

① 利用式(3.44)计算线性预测自相关信号 $r_L(k)$，并利用式(3.45)和式(3.46)计算频率估计值 $\hat{\omega}$；

② 利用式(3.49)、式(3.52)和式(3.53)计算互相关信号 r_1、r_2 和 r_3；

③ 利用式(3.62)和式(3.65)计算相位校正互相关信号 r_{P1} 和相移信号 r_{P2}；

④ 利用式(3.67)计算 t 时刻相位差估计值 $\Delta\theta$；

⑤ 利用式(3.69)计算 $t+1$ 时刻的线性预测自相关信号 $r_{L,t+1}(k)$，用 $r_{L,t+1}(k)$ 替代 $r_L(k)$，并代入式(3.45)和式(3.46)计算 $t+1$ 时刻的频率估计值 $\hat{\omega}_{t+1}$；利用式(3.70)、式(3.71)和式(3.72)计算 $t+1$ 时刻的互相关信号 $r_{1,t+1}$、$r_{2,t+1}$ 和 $r_{3,t+1}$，利用式(3.62)、式(3.65)和式(3.67)计算 $t+1$ 时刻的相位差 $\Delta\theta_{t+1}$。

3.3.3 计算复杂度分析

为说明本节算法的计算复杂度，对本节算法、互相关算法、数据延拓式互相关算法、Hilbert 变换算法、3.2 节算法、正交时延估计算法、正交解调算法的计算复杂度进行对比。为便于比较各相位差估计算法的计算复杂度，假设采样信号的频率已知，上述相位差估计算法的计算复杂度如表 3.1 所示。由表 3.1 可知，

当信号长度 N 比较大时，本节算法、互相关算法、数据延拓式互相关算法、正交时延估计算法和正交解调算法的计算复杂度与 N 成正比，而 Hilbert 变换算法和 3.2 节算法的计算复杂度分别与 MN 和 M_eN_e 成正比。因此，本节算法的计算复杂度与互相关算法、数据延拓式互相关算法、正交时延估计算法和正交解调算法的计算复杂度相当，小于 Hilbert 变换算法和 3.2 节算法的计算复杂度。

表 3.1　计算复杂度对比分析

算法	加/减法	乘法	除法	开方	$\cos^{-1}/\tan^{-1}$
Hilbert 变换算法	$3M+2^{M+2}+4N-2$	$M2^{M+2}+5N$	1	0	1
3.2 节算法	$3M_e\times2^{M_e+2}+(D+4)N+\left(\frac{1}{2}D+4\right)D$	$M_e2^{M_e+2}+(2D+5)N+(D+6)D-2$	2D+1	0	1
互相关算法	$3(N-1)$	$3N+1$	4	1	1
数据延拓式互相关算法	$3(N+D-1)$	$3(N+D)+1$	4	1	1
正交时延估计算法	$4(N-\Delta)$	$4(N-\Delta)$	6	0	1
正交解调算法	$4N-2$	$4N+4$	1	0	1
本节算法	$4N-4b+1$	$4(N-b)+4$	3	0	1

注：$\Delta=\frac{\pi}{2\omega}$，$b=\mathrm{round}\left(\frac{\pi}{2\omega}\right)$。

3.4　基于变频 DTFT 的相位差估计相频匹配算法

针对时变信号的相位差估计问题，基于相位差估计的相频匹配方法原理，介绍基于变频 DTFT 的相位差估计相频匹配算法。该算法通过时变信号的频率估计值、时变信号及其时移信号实现时变信号的 90°相移，确保相移信号和时变信号正交分量的相位匹配，利用参考信号与时变复信号的频率匹配以及时变复信号的变频 DTFT 计算时变信号的相位差，其目标是消除采样信号非 90°相移对相位差估计的影响，提高时变信号的相位差估计精度，改善相位差估计的实时性。

3.4.1 基本思想

为提高时变信号的相位差估计精度，介绍一种基于变频 DTFT 的相位差估计相频匹配算法，算法的基本思想如图 3.5 所示。

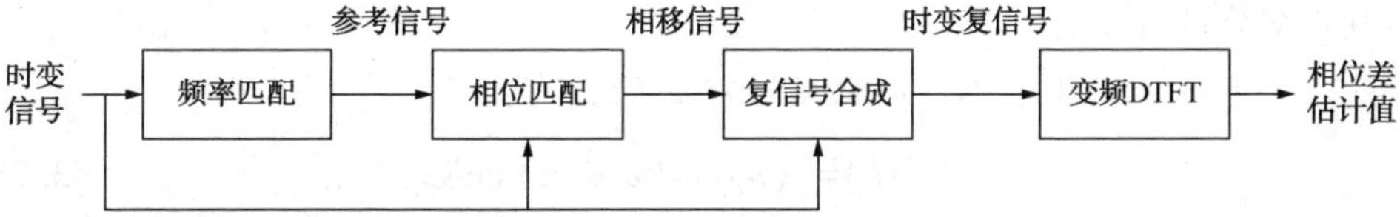

图 3.5 算法的基本思想

首先，对时变信号进行频率估计，获得时变信号的频率估计值。

其次，根据时变信号的频率估计值生成参考信号，实现参考信号和时变信号的频率匹配。

再次，利用时变信号的频率估计值、时变信号及其时移信号对时变信号进行 90°相移，实现相移信号与时变信号正交分量的相位匹配，并利用时变信号及其相移信号构造时变复信号。

最后，利用时变复信号的变频 DTFT 计算时变信号的初相位和相位差。

3.4.2 实现流程

不失一般性，设在 t 时刻采样得到两路时变信号 $x(n)$ 和 $y(n)$ 分别为：

$$\begin{cases} x(n)=A(n)\cos(n\omega(n)+\theta_1)+z_x(n) \\ y(n)=B(n)\cos(n\omega(n)+\theta_2)+z_y(n) \end{cases} \tag{3.73}$$

式中 $\omega(n)$ 表示第 n 时刻时变信号的频率，$\varphi_\omega(n)=n\omega(n)$，$A(n)$ 和 $B(n)$ 分别表示两路信号的幅值，θ_1 和 θ_2 分别表示两路时变信号的初相位，$z_x(n)$ 和 $z_y(n)$ 分别是均值为零、方差为 σ^2 的高斯白噪声。

(1) 参考信号与时变信号的频率匹配

由 3.1 节可知，利用采样信号的时移和相位校正实现采样信号的 90°相移需要已知采样信号的频率信息。因此，为了实现采样信号的 90°相移，利用频率估计的自适应陷波滤波器算法或者频率估计的相频匹配方法估计时变信号的频率 $\hat{\omega}(n)$。

根据 $\hat{\omega}(n)$，生成参考信号 $h(n)$ 为：

$$h(n)=e^{j\varphi_{\hat{\omega}}(n)}=e^{jn\hat{\omega}(n)} \tag{3.74}$$

当 $\hat{\omega}(n)=\omega(n)$ 时，参考信号与时变信号具有相同的频率，即频率匹配，这有助于计算两路时变信号的相位差。

(2) 相移信号与时变信号正交分量的相位匹配

对于正弦信号 $s(n)=a\cos(\omega n+\theta)$，$n=1, 2, \cdots, N$，其正交分量为 $a\sin(\omega n+\theta)$，为了获得 $s(n)$ 的正交分量，通过式(3.75)～式(3.81)对 $s(n)$ 进行 90°相移，获得其正交分量 $\hat{s}(n)$。

(a)当 $n\leqslant N-b$ 时，对于时移信号 $s(n+b)$，有：

$$s(n+b)=s(n)\cos b\omega-\hat{s}(n)\sin b\omega \tag{3.75}$$

根据式(3.75)计算 $s(n)$ 的 90°相移信号 $\hat{s}(n)$，得：

$$\hat{s}(n)=\frac{s(n)\cos b\omega-s(n+b)}{\sin b\omega} \tag{3.76}$$

(b)当 $b+1\leqslant n\leqslant N-b$ 时，对于 $s(n-b)$ 和 $s(n+b)$，有：

$$s(n-b)-s(n+b)=2\hat{s}(n)\sin b\omega \tag{3.77}$$

根据式(3.77)计算 $s(n)$ 的 90°相移信号 $\hat{s}(n)$，得：

$$\hat{s}(n)=\frac{s(n-b)-s(n+b)}{2\sin b\omega} \tag{3.78}$$

(c)当 $n\geqslant b+1$ 时，对于时移信号 $s(n-b)$，有：

$$s(n-b)=s(n)\cos b\omega+\hat{s}(n)\sin b\omega \tag{3.79}$$

根据式(3.79)计算 $s(n)$ 的 90°相移信号 $\hat{s}(n)$，得：

$$\hat{s}(n)=\frac{s(n-b)-s(n)\cos b\omega}{\sin b\omega} \tag{3.80}$$

因此，根据式(3.76)～式(3.80)计算 $s(n)$ 的 90°相移信号 $\hat{s}(n)$，得：

$$\hat{s}(n)=\begin{cases}\dfrac{s(n)\cos b\omega-s(n+b)}{\sin b\omega}, & n\leqslant N-b\\[2ex] \dfrac{s(n-b)-s(n+b)}{2\sin b\omega}, & b+1\leqslant n\leqslant N-b\\[2ex] \dfrac{s(n-b)-s(n)\cos b\omega}{\sin b\omega}, & n\geqslant b+1\end{cases} \tag{3.81}$$

由上述分析可知，本节介绍的 90°相移方法能够准确实现正弦信号的 90°相移，消除了 90°相移对整周期采样或者采样频率的依赖性，有助于实现正弦信号相位差的无偏估计。

为了实现相移信号与时变信号正交分量的相位匹配，利用时变信号的频率估

计值 $\hat{\omega}(n)$、$x(n)$、$x(n+b)$ 及 $x(n-b)$ 计算 $x(n)$ 的相移信号 $\hat{x}(n)$，得：

$$\hat{x}(n)=\begin{cases}\dfrac{x(n)\cos(\varphi_{\hat{\omega}}(n+b)-\varphi_{\hat{\omega}}(n))-x(n+b)}{\sin(\varphi_{\hat{\omega}}(n+b)-\varphi_{\hat{\omega}}(n))}, & 1\leqslant n\leqslant N-b\\ \dfrac{x(n-b)-x(n)\cos(\varphi_{\hat{\omega}}(n)-\varphi_{\hat{\omega}}(n-b))}{\sin(\varphi_{\hat{\omega}}(n)-\varphi_{\hat{\omega}}(n-b))}, & n>N-b\end{cases}\tag{3.82}$$

式中 $\varphi_{\hat{\omega}}(n)=n\hat{\omega}(n)$。

对于 $x(n)$，当 b 取值比较小时，可近似认为 $A(n)\approx A(n-b)$，所以 $\hat{x}(n)$ 的期望值 $E[\hat{x}(n)]$ 为：

$$E[\hat{x}(n)]=A(n)\sin(n\omega(n)+\theta_1)\tag{3.83}$$

因此，当 $A(n)\approx A(n-b)$ 和 $\hat{\omega}(n)\approx\omega(n)$ 时，$\hat{x}(n)$ 与 $x(n)$ 的正交分量相位匹配。

同理，计算时变信号 $y(n)$ 的相移信号 $\hat{y}(n)$，得：

$$\hat{y}(n)=\begin{cases}\dfrac{y(n)\cos(\varphi_{\hat{\omega}}(n+b)-\varphi_{\hat{\omega}}(n))-y(n+b)}{\sin(\varphi_{\hat{\omega}}(n+b)-\varphi_{\hat{\omega}}(n))}, & 1\leqslant n\leqslant N-b\\ \dfrac{y(n-b)-y(n)\cos(\varphi_{\hat{\omega}}(n)-\varphi_{\hat{\omega}}(n-b))}{\sin(\varphi_{\hat{\omega}}(n)-\varphi_{\hat{\omega}}(n-b))}, & n>N-b\end{cases}\tag{3.84}$$

对于 $y(n)$，当 b 取值比较小时，可近似认为 $B(n)\approx B(n-b)$，所以 $\hat{y}(n)$ 的期望值 $E[\hat{y}(n)]$ 为：

$$E[\hat{y}(n)]=B(n)\sin(n\omega(n)+\theta_2)\tag{3.85}$$

（3）时变复信号的变频 DTFT

为了获得 $x(n)$ 的初相位，利用 $x(n)$ 及 $\hat{x}(n)$ 进行复信号合成，得到时变复信号 $x_h(n)$ 为：

$$x_h(n)=x(n)+j\hat{x}(n)\tag{3.86}$$

由于 $h(n)$ 与 $x_h(n)$ 频率匹配，所以为获得 $x_h(n)$ 的初相位，计算 $x_h(n)$ 的变频 DTFT，得：

$$X(\hat{\omega})=\sum_{n=1}^{N}[h^*(n)\ x_h(n)]\tag{3.87}$$

根据 $X(\hat{\omega})$ 计算 $x(n)$ 的初相位 $\hat{\theta}_1$，得：

$$\hat{\theta}_1=\mathrm{angle}(X(\hat{\omega}))\tag{3.88}$$

利用 $y(n)$ 及 $\hat{y}(n)$ 进行复信号合成，得到时变复信号 $y_h(n)$ 为：

$$y_h(n)=y(n)+j\hat{y}(n) \tag{3.89}$$

计算 $y_h(n)$ 的变频 DTFT，得：

$$Y(\hat{\omega})=\sum_{n=1}^{N}[h^*(n)\,y_h(n)] \tag{3.90}$$

根据 $Y(\hat{\omega})$ 计算 $y(n)$ 的初相位 $\hat{\theta}_2$，得：

$$\hat{\theta}_2=\text{angle}(Y(\hat{\omega})) \tag{3.91}$$

因此，$x(n)$ 和 $y(n)$ 的相位差 $\Delta\theta$ 为：

$$\Delta\theta=\text{angle}[Y(\hat{\omega})]-\text{angle}[X(\hat{\omega})] \tag{3.92}$$

需要指出的是，本节算法既可以实现频率、幅值不变条件下采样信号的相位差估计，又可以实现时变信号的相位差估计。

由上述分析可知，本节算法的计算流程如下所示：

① 计算时变信号 $x(n)$ 和 $y(n)$ 的频率估计值 $\hat{\omega}(n)$，并根据频率估计值 $\hat{\omega}(n)$ 生成参考信号 $h(n)$；

② 分别利用式(3.82)和式(3.84)计算相移信号 $\hat{x}(n)$ 和 $\hat{y}(n)$；

③ 分别利用式(3.86)和式(3.89)进行复信号合成，得到时变复信号 $x_h(n)$ 和 $y_h(n)$；

④ 分别利用式(3.87)和式(3.90)计算时变复信号 $x_h(n)$ 和 $y_h(n)$ 的变频 DTFT，得到 $X(\hat{\omega})$ 和 $Y(\hat{\omega})$，并计算两路时变信号的相位差。

3.4.3 仿真实验

为验证本节所述算法的有效性，利用 MATLAB 软件对本节算法、Hilbert 变换算法(HT)、正交时延估计算法(QDE)、正交解调算法(DQD)、计及负频率影响的 DTFT 算法(NFC-DTFT)进行仿真比较实验。

仿真结果表明：在无噪声条件下，受采样信号非半周期采样、非整周期采样的影响，正交解调算法和 Hilbert 变换算法的相位差估计值在相位差真实值附近周期波动，为有偏估计。受采样信号相移角度不等于 90°的影响，正交时延估计算法的相位差估计值小于相位差真实值，为有偏估计。相比 Hilbert 变换算法、正交解调算法和正交时延估计算法，本节算法和计及负频率影响的 DTFT 算法的相位差估计值更接近相位差真实值(见图 3.6)。

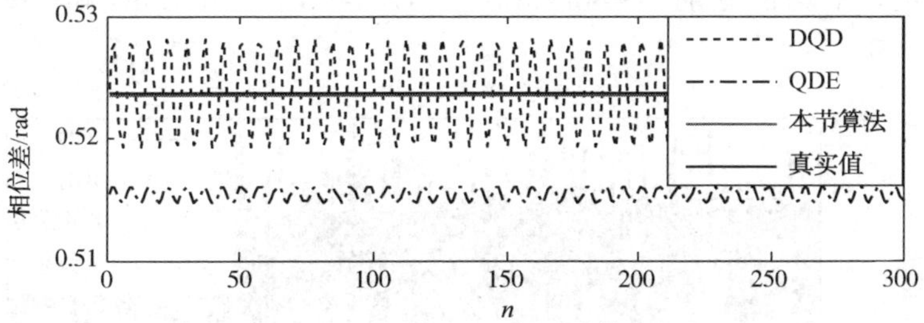

(a) DQD、QDE和本节算法

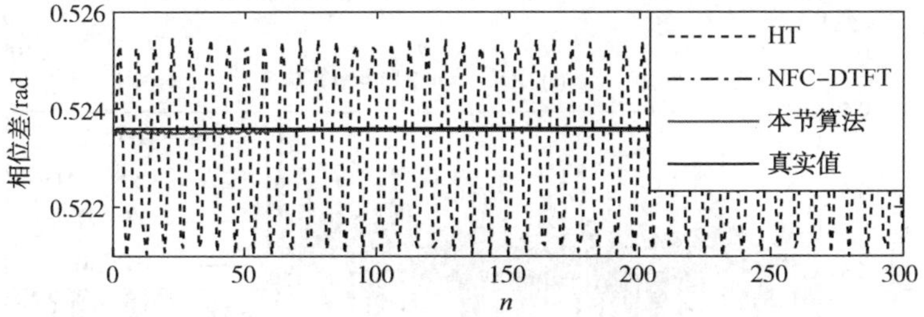

(b) HT、NFC-DTFT和本节算法

图 3.6 无噪声条件下的相位差估计值

在加噪声条件下，五种算法的相位差估计值均在相位差真实值附近波动，本节算法相位差估计值的波动范围明显小于正交解调算法、正交时延估计算法和 Hilbert 变换算法、计及负频率影响的 DTFT 算法相位差估计值的波动范围。本节算法相位差估计值的均方误差小于其他四种算法相位差估计值的均方误差，其相位差估计值更接近相位差真实值(见图 3.7)。

在不同信号长度条件下，受采样信号相移角度不等于 90°的影响，正交时延估计算法相位差估计值的均方误差基本保持在−40.50dB 左右。当信号长度满足半周期采样，即 $N\omega=q_I\pi$(q_I 为整数)时，如 $N=308$、315 等，正交解调算法相位差估计值的均方误差较小；反之，当信号长度不满足半周期采样，即 $N\omega\neq q_I\pi$(q_I 为整数)时，如 $N=305$、312 等，正交解调算法相位差估计值的均方误差较大。当信号长度满足整周期采样，即 $N\omega=2q_I\pi$(q_I 为整数)时，如 $N=315$、329 等，Hilbert 变换算法相位差估计值的均方误差较小；反之，当信号长度不满足整周期采样，即 $N\omega\neq 2q_I\pi$(q_I 为整数)时，如 $N=308$、322 等，Hilbert 变换算法相位差估计值的均方误差较大。本节算法不受采样信号非半周期采样的影响，在不同信号长度条件下均具有较好的相位差估计性能。在信号长度 $N\in[300, 340]$区间，本节算法相位差估计值的均方误差平均值为−50.28dB，而正交时延估计算法、Hilbert 变换算法、正交解调算法和计及负频率影响的 DTFT 算法相位差估计值的均方误差平均值分别为-40.49dB、-47.44dB、-46.73dB 和-49.60dB（见图 3.8）。

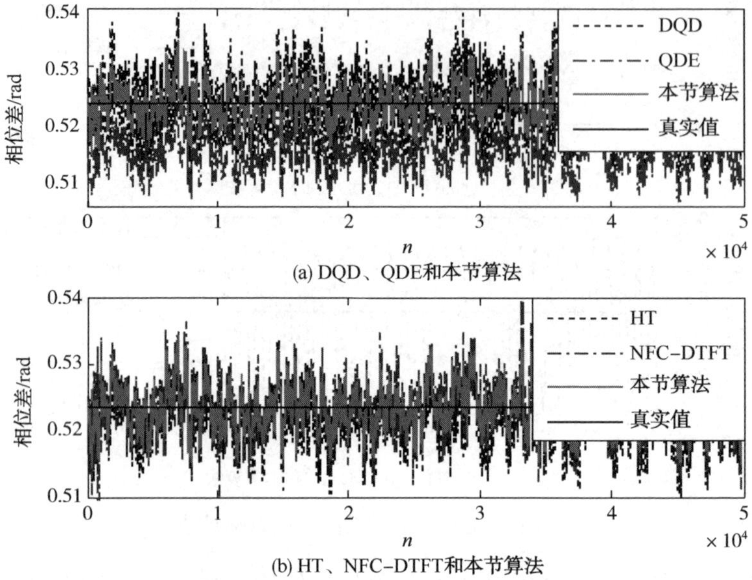

图 3.7　加噪声条件下的相位差估计值

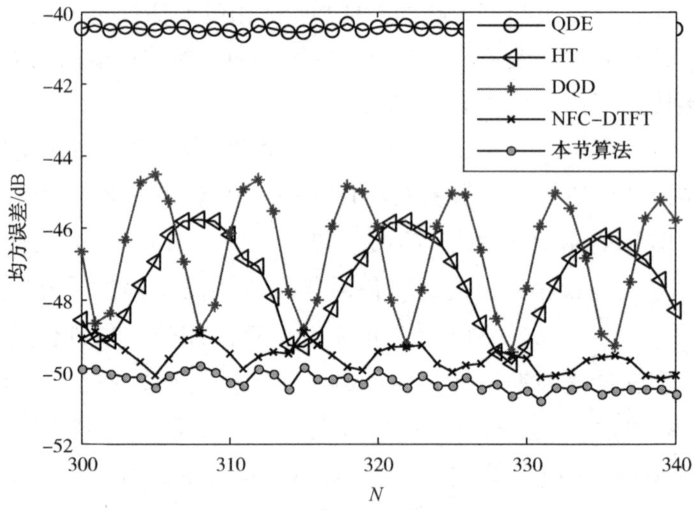

图 3.8　不同信号长度条件下的相位差估计结果

在不同信噪比条件下，当信噪比低于 10dB 时，五种算法的相位差估计精度基本相同。随着信噪比的改善，五种算法的相位差估计精度相应提高，但受相移角度不等于 90°、采样信号非半周期采样、非整周期采样的影响，正交时延估计算法、正交解调算法和 Hilbert 变换算法相位差估计值的均方误差明显大于本节算法和计及负频率影响的 DTFT 算法相位差估计值的均方误差，且本节算法的相位差估计性能优于其他四种算法的相位差估计性能(见图 3.9)。

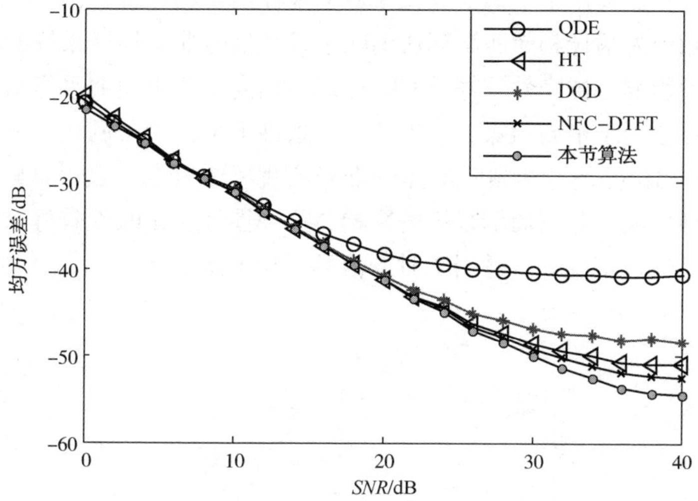

图 3.9　不同信噪比条件下的相位差估计结果

3.5　小结

本章针对持续时间短、非半周期采样、低信噪比条件下采样信号的相位差估计问题，介绍了相位差估计的相频匹配方法原理，阐述了基于数据延拓和 Hilbert 变换的相位差估计相频匹配算法、基于相位校正互相关的相位差估计相频匹配算法和基于变频 DTFT 的相位差估计相频匹配算法，推导了正弦信号相位差估计值均方误差的理论下限，并对所述算法进行了计算验证和计算复杂度分析。主要研究内容和结论包括：

探讨了采样信号的相位差估计、参考信号与采样信号的频率匹配、采样信号的相移信号与其正交分量的相位匹配三者之间的相互关系：参考信号与采样信号的频率匹配是准确实现采样信号的相移信号与其正交分量的相位匹配的前提和基础，采样信号的相移信号与其正交分量的相位匹配程度决定采样信号的相位差估计精度；阐述了采样信号 90°相移的基本思想；提出了先频率匹配、后相位匹配的相位差估计相频匹配方法原理。

基于相位差估计的相频匹配方法原理，介绍了基于数据延拓和 Hilbert 变换的相位差估计相频匹配算法、基于相位校正互相关的相位差估计相频匹配算法和基于变频 DTFT 的相位差估计相频匹配算法。基于数据延拓和 Hilbert 变换的相位差估计相频匹配算法有效抑制了传统 Hilbert 变换方法相位差估计对采样信号非整周期采样的依赖性，抗噪性好，提高了非整周期采样信号的相位差估计精度，但计算量较大，更适用于中低信噪比条件下采样信号的相位差估计。基于相位校正互相关的相位差估计相频匹配算法消除了采样信号非半周期采样对其互相关和相位差估计的影响，抗噪性较好，实时性好，提高了非半周期采样信号的相位差估计精度，更适用于中高信噪比、连续采样条件下采样信号的相位差估计。基于变频 DTFT 的相位差估计相频匹配算法准确实现了采样信号的 90°相移，不受采样信号采样频率或者非整周期采样的影响，抗噪性好，实时性较好，提高了采样信号的相位差估计精度，更适用于时变信号的相位差估计。

4 基于 DTFT 的信号相位差测量方法

本章从频域方面的视角，对现有的 DTFT 法进行了分析研究，重点针对 DTFT 法处理极端频率信号时，存在相位差测量精度较差的问题展开了深入探讨。为此，应用误差理论，首先阐述了噪声背景下 DTFT 法的相位差测量误差公式，并分析了极端频率信号中负频率成分的影响机理。为提高 DTFT 法相位差测量的实时性和测量精度，在计及负频率成分影响的基础上，通过施加余弦窗、卷积窗等不同窗函数来抑制频谱泄漏的影响，进而介绍了一类基于 DTFT 的极端频率信号相位差测量方法。其中，为进一步减小算法的计算量，增强算法的实时性和动态性，还介绍了滑动 DTFT 递推算法。

本章在分析 DTFT 法原理及误差的基础上，详细阐述了施加不同窗函数对应相位差计算公式的推导过程，并分别探讨了有无噪声和采样点数变化情况下对相位差测量精度的影响。

4.1 DTFT 法测量原理及分析

4.1.1 DTFT 法测量原理

DTFT 法的测量原理为：首先通过自适应陷波滤波法或离散频谱校正法求出信号的频率估计值；其次在指定信号频率点处分别对两路信号进行离散时间傅里叶变换，进而求出其 DTFT 相位，相减之后即为两路信号的相位差[134]。具体实现过程如下：

设离散后的原两路同频信号为：

$$\begin{aligned} x_1(n) &= A_1\cos(\omega \cdot n+\theta_1) \\ x_2(n) &= A_2\cos(\omega \cdot n+\theta_2) \end{aligned} \quad n=0,\ 1,\ \cdots,\ N-1 \tag{4.1}$$

式(4.1)中，$\omega=2\pi f_0/f_s$ 为数字角频率，f_0 为信号频率，f_s 为采样频率，A_1、A_2 分别为信号的幅度，θ_1、θ_2 分别为信号的初相，N 为采样点数。设 $\hat{\omega}$ 为 ω 的估计值，采用自适应陷波滤波法或离散频谱校正法可求出 ω 的准确估计值 $\hat{\omega}$，则信号

$x_{1,2}(n)$在$\hat{\omega}$处的 DTFT 为：

$$\begin{aligned} X_{(1,2)N}(\hat{\omega}) &= \sum_{n=0}^{N-1} A_{1,2}\cos(\omega \cdot n + \theta_{1,2}) \cdot e^{-j\hat{\omega}n} \\ &= \sum_{n=0}^{N-1} \frac{A_{1,2}}{2}\left[e^{j(\omega \cdot n+\theta_{1,2})} + e^{-j(\omega \cdot n+\theta_{1,2})} \right] \cdot e^{-j\hat{\omega}n} \end{aligned} \tag{4.2}$$

忽略负频率成分的影响，则式(4.2)可得：

$$X_{(1,2)N}(\hat{\omega}) = \sum_{n=0}^{N-1} \frac{A_{1,2}}{2} e^{j(\omega \cdot n+\theta_{1,2})} \cdot e^{-j\hat{\omega}n}$$

$$= \begin{cases} \dfrac{A_{1,2}}{2} \dfrac{\sin\left(\dfrac{N(\hat{\omega}-\omega)}{2}\right)}{\sin\left(\dfrac{\hat{\omega}-\omega}{2}\right)} \cdot e^{j\left[\theta_{1,2}+\frac{(\omega-\hat{\omega})N}{2}-\frac{\omega-\hat{\omega}}{2}\right]}, & \text{当 } \hat{\omega} \neq \omega \text{ 时} \\ \dfrac{A_{1,2}}{2} \cdot N \cdot e^{j\theta_{1,2}}, & \text{当 } \hat{\omega} = \omega \text{ 时} \end{cases} \tag{4.3}$$

用φ_1、φ_2分别表示$X_{1N}(\hat{\omega})$、$X_{2N}(\hat{\omega})$的相位，用$\Delta\theta$表示两路信号的相位差，则可得：

$$\varphi_{1,2}=\theta_{1,2}+\frac{(\omega-\hat{\omega})N}{2}-\frac{\omega-\hat{\omega}}{2} \tag{4.4}$$

$$\Delta\theta=\theta_2-\theta_1=\varphi_2-\varphi_1 \tag{4.5}$$

式(4.5)即为传统 DTFT 法的相位差测量原理。

4.1.2 误差分析

高斯白噪声背景下的第一路正弦信号序列可表示为：

$$r_1(n)=x_1(n)+z_1(n),\ n=0,\ 1,\ \cdots,\ N-1 \tag{4.6}$$

式(4.6)中，$z_1(n)$是均值为零、方差为σ_{z1}^2的高斯白噪声信号序列，$x_1(n)$为实正弦信号序列，如式(4.1)所示，则$r_1(n)$在$\hat{\omega}$处的 DTFT 可表示为：

$$R_1(\hat{\omega})=X_1(\hat{\omega})+Z_1(\hat{\omega})=A_{p1}e^{j\varphi_1}+b_1e^{j\varphi_{z1}} \tag{4.7}$$

式(4.7)中，$X_1(\hat{\omega})$和$Z_1(\hat{\omega})$分别为$x_1(n)$和$z_1(n)$在$\hat{\omega}$处的 DTFT 变换；A_{p1}和φ_1分别为$X_1(\hat{\omega})$的幅度和相位，b_1和φ_{z1}分别为$Z_1(\hat{\omega})$的幅度和相位。由式(4.3)有：

$$A_{p1}=\frac{A_1}{2}\cdot\frac{\sin[(\omega-\hat{\omega})N/2]}{\sin[(\omega-\hat{\omega})/2]} \tag{4.8}$$

$$\varphi_1=\theta_1+(\omega-\hat{\omega})N/2-(\omega-\hat{\omega})/2 \tag{4.9}$$

式(4.7)可进一步整理为:

$$\begin{aligned}R_1(\hat{\omega})&=A_{p1}e^{j\varphi_1}[1+\frac{b_1}{A_{p1}}e^{j(\varphi_{z1}-\varphi_1)}]\\&=A_{p1}e^{j\varphi_1}[1+\frac{b_1}{A_{p1}}\cos(\varphi_{z1}-\varphi_1)+j\frac{b_1}{A_{p1}}\sin(\varphi_{z1}-\varphi_1)]\\&=A_{p1}\sqrt{1+\left(\frac{b_1}{A_{p1}}\right)^2+\frac{2b_1}{A_{p1}}\cos(\varphi_{z1}-\varphi_1)}\cdot e^{j\varphi_1'}\end{aligned} \tag{4.10}$$

式(4.10)中,φ_1'为$R_1(\hat{\omega})$的相位,则:

$$\varphi_1'=\varphi_1+\arctan\left[\frac{\frac{b_1}{A_{p1}}\sin(\varphi_{z1}-\varphi_1)}{1+\frac{b_1}{A_{p1}}\cos(\varphi_{z1}-\varphi_1)}\right] \tag{4.11}$$

当信号的信噪比不是很低时,对于较大的N,可以近似认为$b_1/A_{p1}\ll 1$,于是有:

$$\begin{aligned}\varphi_1'&\approx\varphi_1+\arctan[\frac{b_1}{A_{p1}}\sin(\varphi_{z1}-\varphi_1)]\\&\approx\varphi_1+\frac{b_1}{A_{p1}}\sin(\varphi_{z1}-\varphi_1)\end{aligned} \tag{4.12}$$

式(4.12)可表示为如下形式:

$$\varphi_1'=\varphi_1+\varphi_{z1}' \tag{4.13}$$

式(4.13)中,φ_{z1}'为叠加在φ_1上的噪声,则:

$$\varphi_{z1}'=b_1\sin(\varphi_{z1}-\varphi_1)/A_{p1} \tag{4.14}$$

因为$Z_1(\hat{\omega})$为复高斯白噪声序列,则$Z_1(\hat{\omega})$的实部($b_1\cos\varphi_{z1}$)和虚部($b_1\sin\varphi_{z1}$)也应为高斯白噪声序列,则有:

$$E(b_1\cos\varphi_{z1})=E(b_1\sin\varphi_{z1})=E[Z_1(\hat{\omega})]=0 \tag{4.15}$$

$$\mathrm{var}(b_1\cos\varphi_{z1})=\mathrm{var}(b_1\sin\varphi_{z1})=\mathrm{var}[Z_1(\hat{\omega})]/2=N\sigma_{z1}^2/2 \tag{4.16}$$

同样,φ_{z1}'亦为高斯白噪声序列,可得其均值和方差分别为:

$$E(\varphi_{z1}')=0 \tag{4.17}$$

$$\mathrm{var}(\varphi'_{z1})=\frac{N\sigma_{z1}^2}{2A_{p1}^2} \tag{4.18}$$

同理，对于第二路正弦信号的采样序列 $r_2(n)=x_2(n)+z_2(n)$，$n=0$，1，…，$N-1$，依照上述推导过程，可得：

$$\varphi'_2\approx\varphi_2+\frac{b_2}{A_{p2}}\sin(\varphi_{z2}-\varphi_2) \tag{4.19}$$

式(4.19)中，φ'_2为 $r_2(n)$在 $\hat{\omega}$ 处的 DTFT 相位；A_{p2}和 φ_2 分别为 $x_2(n)$在 $\hat{\omega}$ 处的 DTFT 变换 $X_2(\hat{\omega})$的幅度和相位，b_2 和 φ_{z2}分别为 $z_2(n)$在 $\hat{\omega}$ 处的 DTFT 变换 $Z_2(\hat{\omega})$的幅度和相位。

$$A_{p2}=\frac{A_2}{2}\cdot\frac{\sin[(\omega-\hat{\omega})N/2]}{\sin[(\omega-\hat{\omega})/2]} \tag{4.20}$$

$$\varphi_2=\theta_2+(\omega-\hat{\omega})N/2-(\omega-\hat{\omega})/2 \tag{4.21}$$

式(4.19)可表示为如下形式：

$$\varphi'_2=\varphi_2+\varphi'_{z2} \tag{4.22}$$

式(4.22)中，φ'_{z2}为叠加在 φ_2 上的噪声，则：

$$\varphi'_{z2}=b_2\sin(\varphi_{z2}-\varphi_2)/A_{p2} \tag{4.23}$$

同样，φ'_{z2}亦为高斯白噪声序列，可得其均值和方差分别为：

$$E(\varphi'_{z2})=0 \tag{4.24}$$

$$\mathrm{var}(\varphi'_{z2})=\frac{N\sigma_{z2}^2}{2A_{p2}^2} \tag{4.25}$$

根据上述 DTFT 法的测量原理可得，在高斯白噪声背景下，两路信号之间的相位差可按下式进行计算：

$$\Delta\theta=\varphi'_2-\varphi'_1 \tag{4.26}$$

则 $\Delta\theta$ 的估计方差为：

$$\begin{aligned}\mathrm{var}(\Delta\theta)&=\mathrm{var}\left[\varphi_2-\varphi_1+\frac{b_2}{A_{p2}}\sin(\varphi_{z2}-\varphi_2)-\frac{b_1}{A_{p1}}\sin(\varphi_{z1}-\varphi_1)\right]\\&=\mathrm{var}\left[\theta_2-\theta_1+\frac{b_2}{A_{p2}}\sin(\varphi_{z2}-\varphi_2)-\frac{b_1}{A_{p1}}\sin(\varphi_{z1}-\varphi_1)\right]\\&=\mathrm{var}\left[\frac{b_2}{A_{p2}}\sin(\varphi_{z2}-\varphi_2)-\frac{b_1}{A_{p1}}\sin(\varphi_{z1}-\varphi_1)\right]\end{aligned} \tag{4.27}$$

式(4.27)中，信号的信噪比不是很低时，对于较大的 N，采用自适应陷波滤波法或离散频谱校正法求得的频率估计值接近频率真实值，可近似认为 $\hat{\omega}\approx\omega$，由式(4.8)和式(4.20)可近似得：

$$
\begin{aligned}
A_{p1}&=\frac{A_1}{2}\cdot\frac{\sin[(\omega-\hat{\omega})N/2]}{\sin[(\omega-\hat{\omega})/2]}\approx\frac{A_1}{2}N\mathrm{sinc}\left(\frac{\omega-\hat{\omega}}{2\pi}N\right)\\
A_{p2}&=\frac{A_2}{2}\cdot\frac{\sin[(\omega-\hat{\omega})N/2]}{\sin[(\omega-\hat{\omega})/2]}\approx\frac{A_2}{2}N\mathrm{sinc}\left(\frac{\omega-\hat{\omega}}{2\pi}N\right)
\end{aligned}
\tag{4.28}
$$

式(4.28)中，sinc 函数的定义式为：$\mathrm{sinc}(x)=\sin(\pi x)/\pi x$。

因为 $z_1(n)$ 和 $z_2(n)$ 可以认为是两路互不相关的噪声信号，由式(4.18)和式(4.25)可得：

$$
\begin{aligned}
\mathrm{var}[\Delta\theta]&=\mathrm{var}\left[\frac{b_2}{A_{p2}}\sin(\varphi_{z2}-\varphi_2)\right]+\mathrm{var}\left[\frac{b_1}{A_{p1}}\sin(\varphi_{z1}-\varphi_1)\right]\\
&=\frac{N\sigma_{z1}^2}{2A_{p1}^2}+\frac{N\sigma_{z2}^2}{2A_{p2}^2}\\
&=\frac{2\sigma_{z1}^2}{N\cdot A_1^2\cdot\mathrm{sinc}^2\left(\frac{\omega-\hat{\omega}}{2\pi}N\right)}+\frac{2\sigma_{z2}^2}{N\cdot A_2^2\cdot\mathrm{sinc}^2\left(\frac{\omega-\hat{\omega}}{2\pi}N\right)}\\
&=\frac{1}{N\cdot SNR_1\cdot\mathrm{sinc}^2\left(\frac{\omega-\hat{\omega}}{2\pi}N\right)}+\frac{1}{N\cdot SNR_2\cdot\mathrm{sinc}^2\left(\frac{\omega-\hat{\omega}}{2\pi}N\right)}
\end{aligned}
\tag{4.29}
$$

式(4.29)中，σ_{z1}^2 和 σ_{z2}^2 分别为 $z_1(n)$ 和 $z_2(n)$ 的方差；SNR_1 和 SNR_2 分别为两路信号的信噪比，$SNR_1=A_1^2/(2\sigma_{z1}^2)$，$SNR_2=A_2^2/(2\sigma_{z2}^2)$。假设两路信号具有相同的信噪比 SNR_0，则式(4.29)可得：

$$
\mathrm{var}[\Delta\theta]=\frac{2}{N\cdot SNR_0\cdot\mathrm{sinc}^2\left(\frac{\omega-\hat{\omega}}{2\pi}N\right)}\tag{4.30}
$$

则 DTFT 法相位差估计的均方根误差为：

$$
\sigma_{\Delta\theta}=\frac{\sqrt{2}}{\sqrt{N\cdot SNR_0}\cdot\mathrm{sinc}\left(\frac{\omega-\hat{\omega}}{2\pi}N\right)}\tag{4.31}
$$

对于信号频率已知的情况，则相位差估计的均方根误差为：

$$\sigma_{\Delta\theta}=\frac{\sqrt{2}}{\sqrt{N\cdot SNR_0}} \tag{4.32}$$

由式(4.31)和式(4.32)可以看出：

(1) 信噪比越大，则所求相位差的均方根误差越小；

(2) 采样信号序列越长，则所求相位差的均方根误差越小；

(3) 频率估计精度越高，则所求相位差的均方根误差越小。

需要指出的是，上述研究都是分析的实正弦信号 DTFT 法相位差估计的均方根误差，对于复正弦信号，其相位差估计的均方根误差是实正弦信号的 $1/\sqrt{2}$。传统的 DTFT 法在计算两路信号的相位差时，去掉了负频率成分，其直接将实正弦信号当作复正弦信号进行求解的方法本课题组认为是需修正的，计算结果也将产生较大的误差，本文将在后续 4.2.1 节对负频率成分的影响做进一步的分析和讨论。

4.1.3 计算验证

为验证上述理论分析的正确性，采用叠加互不相关的高斯白噪声的单一频率实正弦信号，利用 Matlab 软件对 DTFT 法进行了实验分析。

在 $A_1=A_2=1$，$N=1024$，$k_0=100$，$SNR=20\text{dB}$，$\Delta\theta=\pi/6$，$\omega=2\pi(k_0+\delta)/N$，$\widehat{\omega}=2\pi k_0/N$，$\Delta\omega=\omega-\widehat{\omega}=2\pi\delta/N$ 的条件下，经过 100 次独立实验，得到 DTFT 法在不同频率估计误差 $\Delta\omega$ 条件下的相位差均方根误差如图 4.1 所示。从图 4.1 的整个变化趋势可以看出，理论分析与仿真结果基本一致：DTFT 法的相位差均方根误差随着频率估计误差 $\Delta\omega$ 的增大而增大，频率估计精度越高，即 $|\Delta\omega|$ 越小，则 DTFT 法的相位差均方根误差越小。

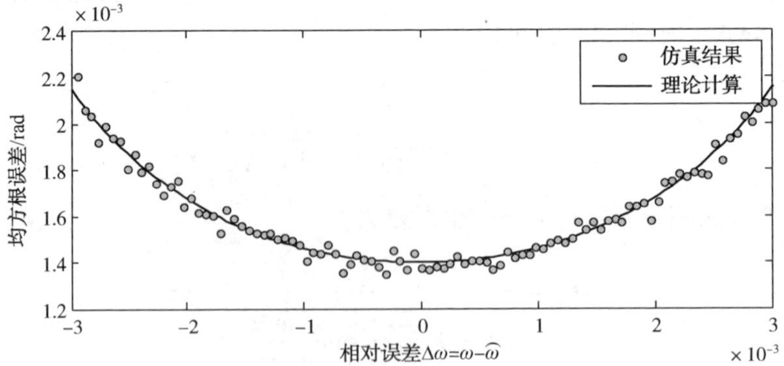

图 4.1　DTFT 法在不同频率相对误差 $\Delta\omega$ 条件下的相位差均方根误差

在 $A_1 = A_2 = 1$，$N = 1024$，$k_0 = 100$，$\Delta\omega = 0.8\pi/N$，$\Delta\theta = \pi/6$ 的条件下，经过100次独立实验，得到DTFT法在不同信噪比 SNR 条件下的相位差均方根误差如图4.2所示。从图4.2的整个变化趋势可以看出，理论分析与仿真结果基本一致：DTFT法的相位差均方根误差随着信噪比 SNR 的增大而减小。

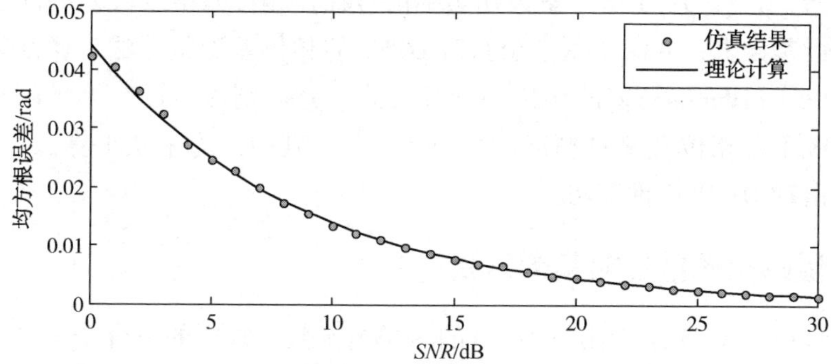

图4.2　DTFT法在不同信噪比SNR条件下的相位差均方根误差

在 $A_1 = A_2 = 1$，$k_0 = 100$，$\Delta\omega = 0.8\pi/N$，$SNR = 20\text{dB}$，$\Delta\theta = \pi/6$ 的条件下，经过100次独立实验，得到DTFT法在不同采样信号序列长度 N 条件下的相位差均方根误差如图4.3所示。从图4.3的整个变化趋势可以看出，理论分析与仿真结果基本一致：DTFT法的相位差均方根误差随着采样信号序列长度 N 的增大而减小。

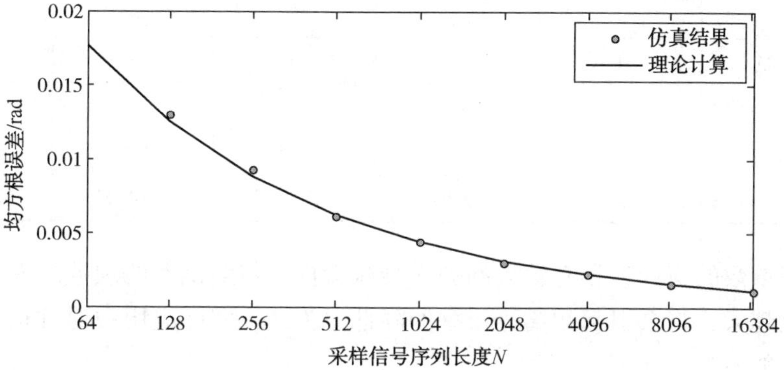

图4.3　DTFT法在不同采样信号序列长度 N 条件下的相位差均方根误差

4.2　基于余弦窗DTFT的相位差测量方法

文献[135-136]将特征频率位于频谱两端的极端低频信号和极端高频信号统

称为"极端频率信号"。其中，极端低频信号是指当信号频率很低或接近于0的信号；极端高频信号是指当信号频率接近奈奎斯特频率(即采样频率的一半)的信号。前述4.1节对DTFT法的测量原理及误差进行了分析，阐述了负频率成分对测量误差的影响，为进一步说明负频率成分的重要性，本节对极端频率信号进行了频谱分析，并对DTFT法测量极端频率信号存在相位差精度较差的问题展开了讨论，在此基础上，介绍了基于余弦窗DTFT的相位差测量方法，详细阐述了加矩形窗和汉宁(Hanning)窗的相位差计算公式，并分别探讨了有无噪声和采样点数变化情况下对相位差测量精度的影响[137-138]。其中，为了减小算法的计算量，还介绍了滑动DTFT递推算法。

4.2.1 极端频率信号的频谱分析

组合余弦窗是当前应用最为广泛的一类窗函数，常用的组合余弦窗有：矩形窗、汉宁窗、Blackman窗、Blackman-Harris窗等。其时域的一般表达式为[139]：

$$\omega(n)=\sum_{h=0}^{J-1}(-1)^h a_h\cos\left(\frac{2\pi n}{N}h\right),\qquad n=0,\ 1,\ \cdots,\ N-1 \tag{4.33}$$

式(4.33)中，J 和 a_h 分别为组合余弦窗的项数和系数，具体数值如表4.1所示。

表4.1　常见组合余弦窗的项数和系数

窗函数	J	a_0	a_1	a_2	a_3
矩形窗	1	1	--	--	--
汉宁(Hanning)窗	2	0.5	0.5	--	--
Blackman窗	3	0.42	0.5	0.08	--
Blackman-Harris窗	4	0.35875	0.48829	0.14128	0.01168

较多项数的窗函数具有较大的旁瓣衰减特性，但窗函数的项数越多，其主瓣的宽度就越大，将会引起频谱分辨率的降低，为此，实际应用中通常选取窗函数的项数一般不超过4项。

实际的信号处理过程中，由于观测信号的时间是有限的，对信号进行截短也是无法避免的。对一无限长的信号进行截短，常用的方法是使用一个窗函数去乘该观测信号。其中，矩形窗为最简单的窗函数，对信号的自然截短，也就意味着使用了矩形窗，数据的长度即为矩形窗的长度。

图4.4所示为单一频率实正弦信号加矩形窗后得到的频谱图。其中，区间

(0, π)称为正频率区间，反映了信号的真实频率；区间(-π, 0)和(π, 2π)称为负频率区间，分别是正频率区间(0, π)关于 $\omega=0$ 和 $\omega=\pi$ 对称的频谱镜像。区间(0, 2π)为该信号的真实频谱；区间(-2π, 0)为真实频谱的周期延拓。

正频率区间(0, π)的谱峰 A 反映了信号的真实频率，对信号进行分析时，加窗截短将导致频谱泄漏，使得负频率区间中谱峰 A'的旁瓣可能会延伸并叠加到正频率区间中谱峰 A 的旁瓣或主瓣上，从而造成旁瓣或主瓣干涉的影响。当谱峰 A 靠近正频率区间(0, π)的中点时，即当信号频率接近或等于 Nyquist 频率的一半，亦即等于采样频率的 1/4 时，旁瓣干涉的影响最小，如图 4.4(a)所示；当谱峰 A 靠近正频率区间(0, π)的两端时，即当信号频率较低或接近 Nyquist 频率时，旁瓣干涉的影响会迅速增大；当谱峰 A 的位置过于靠近频谱两端，即 $\omega=0$ 或 $\omega=\pi$ 时，会导致出现谱峰 A 与 A'的主瓣部分重叠的情况，进而造成旁瓣和主瓣干涉的影响，如图 4.4(b)和图 4.4(c)所示。此时，若仍按常规的方法来进行频谱分析，将会造成较大的偏差，甚至出现无法分析的情况[2]。

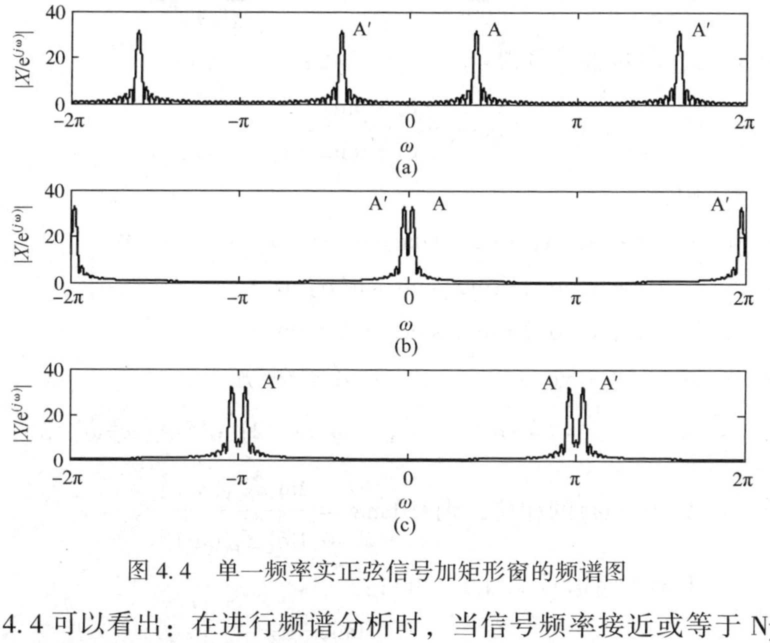

图 4.4　单一频率实正弦信号加矩形窗的频谱图

由图 4.4 可以看出：在进行频谱分析时，当信号频率接近或等于 Nyquist 频率的一半(即采样频率的 1/4)时，可以忽略负频率成分的影响；当信号频率较低或接近 Nyquist 频率时，必须计及负频率成分的影响。

综上可得：对极端频率信号进行频谱分析时，必须计及负频率成分的影响。

4.2.2 加矩形窗的相位差计算公式

由传统 DTFT 法的测量原理可知，传统 DTFT 法在测量相位差时忽略了负频率成分的影响，当负频率成分影响较小时，采用传统 DTFT 法能够较准确地计算出相位差；但当信号频率较低或接近奈奎斯特频率时，负频率成分影响会显著增大，此时，若仍采用传统 DTFT 法来测量极端频率信号的相位差，将导致其测量精度的下降，甚至出现无法测量的可能。为此，本节基于 DTFT 法，在计及负频率成分的基础上，首先介绍一种基于余弦窗 DTFT 的相位差测量方法，以提高 DTFT 法的相位差测量精度，特别是提高 DTFT 法处理极端频率信号的相位差测量精度。其中，加矩形窗的相位差计算公式的推导过程如下所示。

对于式(4.2)，计及负频率成分的影响，可得：

$$\begin{aligned} X_{1N}(\hat{\omega}) &= \sum_{n=0}^{N-1} \frac{A_1}{2} e^{j(\omega \cdot n+\theta_1)} \cdot e^{-j\hat{\omega}n} + \sum_{n=0}^{N-1} \frac{A_1}{2} e^{-j(\omega \cdot n+\theta_1)} \cdot e^{-j\hat{\omega}n} \\ &= \frac{A_1}{2} e^{j\theta_1} \sum_{n=0}^{N-1} e^{j(\omega-\hat{\omega})n} + \frac{A_1}{2} e^{-j\theta_1} \sum_{n=0}^{N-1} e^{-j(\omega+\hat{\omega})n} \end{aligned} \tag{4.34}$$

假设 $\omega \neq \hat{\omega}$，经过推导可得：

$$\tan\theta_1 = \frac{c_1 \cdot \tan\varphi_1 - c_2}{c_3 \cdot \tan\varphi_1 + c_4} \tag{4.35}$$

式(4.35)中：

$c_1 = \sin\alpha_1 \sin\alpha_2 \cos(\alpha_1 - \alpha_3) + \sin\alpha_3 \sin\alpha_4 \cos(\alpha_4 - \alpha_2)$

$c_2 = \sin\alpha_1 \sin\alpha_2 \sin(\alpha_1 - \alpha_3) - \sin\alpha_3 \sin\alpha_4 \sin(\alpha_4 - \alpha_2)$

$c_3 = \sin\alpha_1 \sin\alpha_2 \sin(\alpha_1 - \alpha_3) + \sin\alpha_3 \sin\alpha_4 \sin(\alpha_4 - \alpha_2)$

$c_4 = \sin\alpha_1 \sin\alpha_2 \cos(\alpha_1 - \alpha_3) - \sin\alpha_3 \sin\alpha_4 \cos(\alpha_4 - \alpha_2)$

$\alpha_1 = N(\omega - \hat{\omega})/2$；$\alpha_2 = (\omega + \hat{\omega})/2$；$\alpha_3 = (\omega - \hat{\omega})/2$；$\alpha_4 = N(\omega + \hat{\omega})/2$

其中，φ_1 为 $X_{1N}(\hat{\omega})$ 的相位，则有 $\tan\varphi_1 = \dfrac{\mathrm{Im}[X_{1N}(\hat{\omega})]}{\mathrm{Re}[X_{1N}(\hat{\omega})]}$。

同理，对于第二路信号 $x_2(n)$，可得：

$$\tan\theta_2 = \frac{c_1 \cdot \tan\varphi_2 - c_2}{c_3 \cdot \tan\varphi_2 + c_4} \tag{4.36}$$

式(4.36)中，φ_2 为 $X_{2N}(\hat{\omega})$ 的相位，则有 $\tan\varphi_2 = \dfrac{\mathrm{Im}[X_{2N}(\hat{\omega})]}{\mathrm{Re}[X_{2N}(\hat{\omega})]}$。

根据式(4.35)和式(4.36)，可得到两路信号的相位差，其相位差计算公式为：

$$\Delta\theta=\arctan\left[\frac{(c_1c_4+c_2c_3)(\tan\varphi_2-\tan\varphi_1)}{c_2^2+c_4^2+Z+(c_1^2+c_3^2)\tan\varphi_1\tan\varphi_2}\right] \tag{4.37}$$

式(4.37)中，$Z=(c_3c_4-c_1c_2)(\tan\varphi_1+\tan\varphi_2)$。

当信号的信噪比不是很低时，采用自适应陷波滤波法或离散频谱校正法求得的频率估计值接近频率真实值，可近似认为$\hat{\omega}\approx\omega$，$\sin\alpha_1/\sin\alpha_3\approx N$，则式(4.37)可近似表示为：

$$\Delta\theta=\arctan\left[\frac{m_1(\tan\varphi_2-\tan\varphi_1)}{m_2+m_3(\tan\varphi_1+\tan\varphi_2)+m_4\tan\varphi_1\tan\varphi_2}\right] \tag{4.38}$$

式(4.38)中：$m_1=N(\sin\hat{\omega})^2-(\sin\alpha)^2/N$

$$m_2=N(\sin\hat{\omega})^2+(\sin\alpha)^2/N-2\sin\hat{\omega}\sin\alpha\cos(\alpha-\hat{\omega})$$

$$m_3=2\sin\hat{\omega}\sin\alpha\sin(\alpha-\hat{\omega})$$

$$m_4=N(\sin\hat{\omega})^2+(\sin\alpha)^2/N+2\sin\hat{\omega}\sin\alpha\cos(\alpha-\hat{\omega})\text{；}\ \alpha=N\hat{\omega}$$

式(4.38)即为计及负频率的加矩形窗DTFT的相位差计算公式。当$\omega=\hat{\omega}$时，可推导计算得其相位差计算公式仍与式(4.38)完全相同。在公式的推导过程中，由于未做任何的近似和省略，因此在无噪声情况下，当ω准确已知时，通过公式(4.38)求得的相位差在理论上误差为0；当ω的值未知时，$\hat{\omega}$的估计值越准确，则相位差的计算精度越高。此外，公式的推导过程中考虑了负频率成分的影响，通过式(4.35)和式(4.36)还能准确求出两路信号的初始相位。

另需指出的是，针对时变信号，不能直接对其进行DTFT运算。但由于本节方法计及了负频率成分的影响，可选取短窗对信号进行截取，由于短窗内的信号频率变化较小，可近似认为窗内的信号频率是时不变的。采用短窗内最后一采样点处的频率估计值$\hat{\omega}$来进行DTFT运算，可得到短窗内两路信号的相位差，然后再利用滑动和重叠截取的思想，进而可实时计算求得每一个采样时刻的相位差。

4.2.3 加汉宁窗的相位差计算公式

不同的窗函数具有不同的频谱特性，与矩形窗相比，汉宁窗具有更好地抑制旁瓣泄漏的特性，为此，本节阐述另一种加汉宁窗的相位差计算公式，其推导过程如下所示。

对于式(4.2)，加汉宁窗后的 $x_1(n)$ 和 $x_2(n)$ 在 $\hat{\omega}$ 处的 DTFT 分别为：

$$X_{w1}(\hat{\omega}) = \sum_{n=0}^{N-1} x_1(n) \cdot w_h(n) \cdot \mathrm{e}^{-j\hat{\omega}n} \tag{4.39}$$

$$X_{w2}(\hat{\omega}) = \sum_{n=0}^{N-1} x_2(n) \cdot w_h(n) \cdot \mathrm{e}^{-j\hat{\omega}n} \tag{4.40}$$

其中，$w_h(n)$ 为汉宁窗函数的时域表达式[140]，如式(4.41)所示：

$$w_h(n) = [1-\cos(2\pi n/N)]/2, \quad n=0,1,\cdots,N-1 \tag{4.41}$$

需要说明的是，根据频域卷积定理，时域相乘对应于频域卷积，因此，也可理解为：

$$X_{w,(1,2)N}(\hat{\omega}) = X_{(1,2)N}(\hat{\omega}) \cdot W_H(\hat{\omega}) \tag{4.42}$$

式(4.42)中，$W_H(\hat{\omega})$ 为 $w_h(n)$ 的频域表达式。计及负频率成分的影响，经推导可得到两路信号的相位差计算公式为：

$$\Delta\theta = \arctan\left[\frac{m_5(\tan\varphi_{w2} - \tan\varphi_{w1})}{m_6 + m_7(\tan\varphi_{w1} + \tan\varphi_{w2}) + m_8\tan\varphi_{w1}\tan\varphi_{w2}}\right] \tag{4.43}$$

加汉宁窗的推导过程与加矩形窗的推导过程类似，在此不再赘述。

式(4.43)中：$m_5 = c_5^2 - c_6^2$

$$m_6 = c_5^2 + c_6^2 - 2c_5c_6\cos(N\hat{\omega})$$

$$m_7 = 2c_5c_6\sin(N\hat{\omega})$$

$$m_8 = c_5^2 + c_6^2 + 2c_5c_6\cos(N\hat{\omega})$$

$$c_5 = N\sin\hat{\omega}\sin(\hat{\omega}+\pi/N)\sin(\hat{\omega}-\pi/N)$$

$$c_6 = -\sin(N\hat{\omega})\cos\hat{\omega}\,\sin^2(\pi/N)$$

φ_{w1}、φ_{w2} 分别表示 $X_{w1}(\hat{\omega})$ 和 $X_{w2}(\hat{\omega})$ 的相位。其中：

$$\tan\varphi_{w1} = \frac{\mathrm{Im}[X_{w1}(\hat{\omega})]}{\mathrm{Re}[X_{w1}(\hat{\omega})]}, \quad \tan\varphi_{w2} = \frac{\mathrm{Im}[X_{w2}(\hat{\omega})]}{\mathrm{Re}[X_{w2}(\hat{\omega})]}$$

式(4.43)即为计及负频率的加汉宁窗 DTFT 的相位差计算公式。针对时变信号，同样利用滑动和重叠截取的思想，也可实时计算求得每一个采样时刻的相位差。

4.2.4 滑动 DTFT 递推算法

为了减小 DTFT 算法的计算量，增强算法的实时性和动态性，本节在 DTFT

递推算法的基础上，利用滑动递推的思想介绍了一种滑动 DTFT 递推算法，并分别阐述了适用于时不变信号和时变信号两种不同情况下的滑动 DTFT 递推公式，具体原理如下所示。

对于观测信号 $x(n)$，设在 m 时刻用长度为 N 的矩形窗对信号进行截取，可得到 N 个数据点分别为 $x(m)$，$x(m+1)$，…，$x(m+N-1)$，则该有限长信号序列在频率点 $\hat{\omega}$ 处的 DTFT 为：

$$X_m(\hat{\omega}) = \sum_{n=0}^{N-1} x(m+n) \cdot e^{-j\hat{\omega}n} \tag{4.44}$$

在 $m+1$ 时刻，得到一个新的数据点 $x(m+N)$，则可组成一个新的含有 $N+1$ 个数据点的信号序列，则该新的有限长信号序列在频率点 $\hat{\omega}$ 处的 DTFT 为：

$$X_{m+1}(\hat{\omega}) = \sum_{n=0}^{N} x(m+n) \cdot e^{-j\hat{\omega}n} = X_m(\hat{\omega}) + x(m+N) \cdot e^{-j\hat{\omega}N} \tag{4.45}$$

式(4.45)即为“DTFT 递推算法”的计算公式。由式(4.45)可以看出，新的信号序列与前一个信号序列的 DTFT 之间存在着递推关系，然而，当 DTFT 递推算法用于处理实际系统时，随着采样点数 N 的不断增大，该 DTFT 递推算法存在数值溢出问题。

为解决上述问题，本节利用滑动递推的思想对 DTFT 递推算法进行了改进。即在 $m+1$ 时刻得到一个新数据点 $x(m+N)$ 的同时，剔除掉原信号序列中的起始数据点 $x(m)$，再将此 N 个数据点 $x(m+1)$，$x(m+2)$，…，$x(m+N-1)$，$x(m+N)$ 重新构成一个新的信号序列，则该新的有限长信号序列在频率点 $\hat{\omega}$ 处的 DTFT 为：

$$\begin{aligned} X_{m+1}(\hat{\omega}) &= \sum_{n=0}^{N-1} x(m+1+n) \cdot e^{-j\hat{\omega}n} \\ &= [X_m(\hat{\omega}) - x(m) + x(m+N) \cdot e^{-j\hat{\omega}N}] \cdot e^{j\hat{\omega}} \end{aligned} \tag{4.46}$$

式(4.46)即为适用于信号频率时不变的“滑动 DTFT 递推算法”的计算公式。由式(4.46)可以看出，前后两个序列之间的递推关系依然存在，计算新序列的 DTFT 时，只需进行 2 次复数加法和 2 次复数乘法的运算，且不存在数值溢出问题。然而，观察式(4.46)可以发现，该滑动递推公式不适用于信号频率时变的情况。由于实际应用中的信号频率大都是随机缓慢变化的，为使算法更具普适性，本节对其加以改进如下。

对于时变的观测信号 $x(n)$，设 m 时刻开始采样得到 N 个采样数据点分别为 $x(m)$，$x(m+1)$，…，$x(m+N-1)$，这 N 个数据点可理解为是采用宽度为 N 的矩形窗对信号进行截取所得到的，则该有限长信号序列在频率点 $\hat{\omega}_m$ 处的 DTFT 为：

$$\begin{aligned} X_m(\hat{\omega}_m) &= \sum_{n=0}^{N-1} x(m+n) \cdot e^{-j\hat{\omega}_m n} \\ &= x(m) + x(m+1) \cdot e^{-j\hat{\omega}_m} + x(m+2) \cdot \\ &\quad e^{-2j\hat{\omega}_m} + \cdots + x(m+N-1) \cdot e^{-j\hat{\omega}_m(N-1)} \end{aligned} \tag{4.47}$$

在 $m+1$ 时刻，得到一个新的采样点 $x(m+N)$，若剔除掉 $x(m)$，则由此 N 个采样数据点 $x(m+1)$，$x(m+2)$，…，$x(m+N-1)$，$x(m+N)$ 组成的新有限长信号序列在频率点 $\hat{\omega}_{m+1}$ 处的 DTFT 为：

$$\begin{aligned} X_{m+1}(\hat{\omega}_{m+1}) &= \sum_{n=0}^{N-1} x(m+1+n) \cdot e^{-j\hat{\omega}_{m+1} n} \\ &= x(m+1) + x(m+2) \cdot e^{-j\hat{\omega}_{m+1}} + \cdots + x(m+N-1) \cdot \\ &\quad e^{-j\hat{\omega}_{m+1}(N-2)} + x(m+N) \cdot e^{-j\hat{\omega}_{m+1}(N-1)} \\ &= \left[\underline{\sum_{n=0}^{N-1} x(m+n) \cdot e^{-j\hat{\omega}_{m+1} n}} - x(m) \right] \cdot e^{j\hat{\omega}_{m+1}} + x(m+N) \cdot e^{-j\hat{\omega}_{m+1}(N-1)} \end{aligned} \tag{4.48}$$

如图 4.5 所示，比较式(4.47)和式(4.48)可以看出，当 $\hat{\omega}_m$ 指定为信号在第 m 号矩形窗内最后一个采样点处的频率，则信号在第 $m+1$ 号矩形窗内完全用 $\hat{\omega}_{m+1}$ 来计算 $X_{m+1,N}(\hat{\omega}_{m+1})$ 是不准确的，因为两个相邻窗有 $N-1$ 个采样点是相同的。由于矩形窗的宽度很短，相邻两点 $\hat{\omega}_m$ 和 $\hat{\omega}_{m+1}$ 的变化很小，于是对式(4.48)进行修正为：

$$\begin{aligned} X_{m+1}(\hat{\omega}_{m+1}) &= \sum_{n=0}^{N-1} x(m+1+n) \cdot e^{-j\hat{\omega}_{m+1} n} \\ &= \left[\sum_{n=0}^{N-1} x(m+n) \cdot e^{-j\hat{\omega}_{m+1} n} - x(m) \right] \cdot e^{j\hat{\omega}_{m+1}} + x(m+N) \cdot e^{-j\hat{\omega}_{m+1}(N-1)} \\ &\approx \left[\underline{\sum_{n=0}^{N-1} x(m+n) \cdot e^{-j\hat{\omega}_m n}} - x(m) \right] \cdot e^{j\hat{\omega}_{m+1}} + x(m+N) \cdot e^{-j\hat{\omega}_{m+1}(N-1)} \\ &= \left[X_m(\hat{\omega}_m) - x(m) + x(m+N) \cdot e^{-j\hat{\omega}_{m+1} N} \right] \cdot e^{j\hat{\omega}_{m+1}} \end{aligned} \tag{4.49}$$

式(4.49)即为适用于信号频率时变的“滑动 DTFT 递推算法”的计算公式。

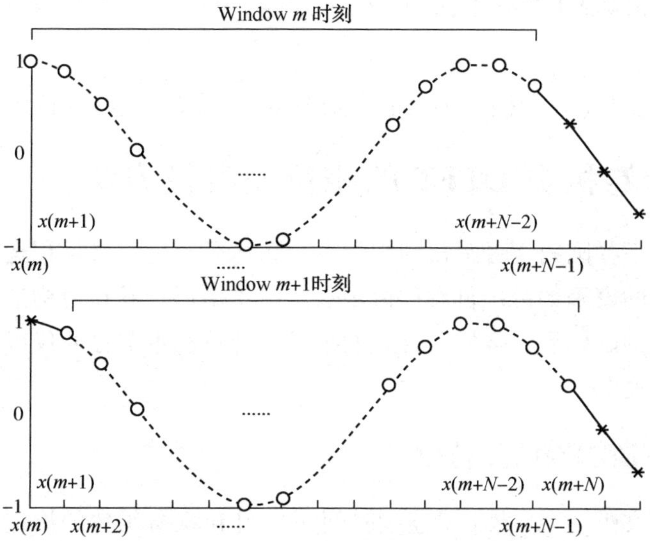

图 4.5 N 点滑动时间窗

需要说明的是，对于传统的 DTFT 法，每计算一点新的 DTFT，均需要做 N 点常规的 DTFT 运算，共需要 N 次复数乘法和 $N-1$ 次复数加法，此外，由图 4.5 可以看出，由于采用的是重叠截取，计算过程中还存在 $N-1$ 点的冗余计算。滑动 DTFT 递推算法由于利用了相邻两个矩形窗之间的递推关系，每采入一点新的数据后，只需进行 2 次复数加法和 2 次复数乘法，整个算法只需在第一个窗内进行常规的 DTFT 运算，消除了冗余计算，且不存在数值不断叠加溢出的问题，大大降低了计算量，并能反映实际信号频率变化的特性，增强了算法的动态性能。

综上分析可知，本节所述的滑动 DTFT 递推算法的计算量更小、计算效率更高，适用范围更广。当信号频率变化较小时，可采用适用于信号频率时不变的滑动 DTFT 递推算法计算公式(4.46)进行计算；当信号频率变化较大时，可采用适用于信号频率时变的滑动 DTFT 递推算法计算公式(4.49)进行计算。

综上可得，本节所述的基于余弦窗 DTFT 的相位差测量方法的实现步骤如下：

（1）求出 ω 的估计值 $\hat{\omega}$；

（2）在第一个矩形窗内的采样序列作常规 DTFT 运算；

（3）然后在频域加矩形窗或汉宁窗进行卷积运算，分别求出 $\tan\varphi_1$ 和 $\tan\varphi_2$；

（4）由 $\hat{\omega}$、N 求出 $m_1 \sim m_4$ 或 $m_5 \sim m_8$，并同 $\tan\varphi_1$ 和 $\tan\varphi_2$ 一起代入式(4.38)或式(4.43)，即可计算求得该短窗内两路信号的相位差；

(5) 利用滑动 DTFT 递推式(4.46)或式(4.49)，求出两路信号在任意指定频率 $\hat{\omega}_i$ 处的 DTFT；

(6) 重复步骤(3)和(4)，从而可求得两路信号在任意时刻处的相位差。

4.3 基于卷积窗 DTFT 的相位差测量方法

近年来，一些国内学者常常利用组合余弦窗函数进行自卷积运算，从而可构建得到一类新的窗函数——自卷积窗函数。由于矩形自卷积窗构造简单，具有良好的频谱泄漏抑制效果，且便于公式的推导和计算，本节在此仅以矩形自卷积窗为例进行阐述说明[141]。

4.3.1 卷积窗的构造及特点

张介秋在文献[142]提出了连续时间矩形自卷积窗函数的构造方法，在此基础上，为便于数字化运算，黄纯在文献[143]提出了离散矩形自卷积窗函数，其构造过程如下所示。

长度为 M 的矩形窗的时、频域表达式分别为：

$$w_R(n)=1,\ 0\leqslant n\leqslant M-1 \tag{4.50}$$

$$W_R(e^{j\omega})=\frac{\sin(M\omega/2)}{\sin(\omega/2)}e^{-j\frac{M-1}{2}\omega} \tag{4.51}$$

通过将 2 个长度为 M 的矩形窗做卷积运算，得到一个长度为 $2M-1$ 的新序列，在新序列的首部或尾部加上一个 0，即可得到长度为 $2M$ 的矩形双窗。本节采用在首部加 0，并令 $N=2M$，可得矩形双窗的时、频域表达式分别为：

$$w_{R^2}(n)=\begin{cases}n & 0\leqslant n\leqslant N/2-1\\ N-n & N/2\leqslant n\leqslant N-1\end{cases} \tag{4.52}$$

$$W_{R^2}(e^{j\omega})=\frac{\sin^2(N\omega/4)}{\sin^2(\omega/2)}e^{-j\frac{N}{2}\omega} \tag{4.53}$$

需要说明的是：对于任一序列，在序列后面加 m 个 0 后构成一个新的序列，新序列的 DTFT 为原序列的 DTFT；在序列前面加 m 个 0 后构成一个新的序列，新序列的 DTFT 为原序列的 DTFT 与 $e^{-j\omega m}$ 的乘积。

采用上述构造方法，将若干矩形窗做卷积运算，并适当地加 0，可得到一类新窗，定义为矩形自卷积窗(简称为卷积窗)，并把做卷积的矩形窗的个数定义为阶数。上述矩形双窗 $w_{R^2}(n)$ 也称为 2 阶卷积窗。

将 3 个长度为 M 的矩形窗做卷积运算，得到长度为 $3M-2$ 的一个新序列 w

$(n)=w_R(n)\cdot w_R(n)\cdot w_R(n)$，在新序列的后面加上 1 个 0，前面加上 1 个 0，即可得到长度为 3M 的 3 阶卷积窗。令 $N=3M$，其时、频域表达式分别为：

$$w_{R^3}(n)=\begin{cases}\frac{1}{2}n^2+\frac{1}{2}n & 0\leqslant n\leqslant\frac{N}{3}-1\\ -n^2+(N-1)n-\left(\frac{N^2}{6}-\frac{N}{2}\right) & \frac{N}{3}\leqslant n\leqslant\frac{2N}{3}-1\\ \frac{1}{2}n^2+\left(\frac{1}{2}-N\right)n+\frac{1}{2}(N^2-N) & \frac{2N}{3}\leqslant n\leqslant N-1\end{cases}\tag{4.54}$$

$$W_{R^3}(e^{j\omega})=\frac{\sin^3(N\omega/6)}{\sin^3(\omega/2)}e^{-j(\frac{N-1}{2})\omega}\tag{4.55}$$

同理，将 4 个长度为 M 的矩形窗做卷积运算，得到长度为 $4M-3$ 的一个新序列 $w(n)=w_R(n)\cdot w_R(n)\cdot w_R(n)\cdot w_R(n)$，在新序列的后面加上 1 个 0，前面加上 2 个 0，即可得到长度为 4M 的 4 阶卷积窗。令 $N=4M$，其时、频域表达式分别为：

$$w_{R^4}(n)=\begin{cases}\frac{1}{6}n^3-\frac{1}{6}n & 0\leqslant n\leqslant\frac{N}{4}-1\\ -\frac{1}{2}n^3+\frac{N}{2}n^2+\left(\frac{1}{2}-\frac{N^2}{8}\right)n+\left(\frac{N^3}{96}-\frac{N}{6}\right) & \frac{N}{4}\leqslant n\leqslant\frac{N}{2}-1\\ \frac{1}{2}n^3-Nn^2+\left(\frac{5N^2}{8}-\frac{1}{2}\right)n+\left(\frac{N}{3}-\frac{N^3}{96}\right) & \frac{N}{2}\leqslant n\leqslant\frac{3N}{4}-1\\ -\frac{1}{6}n^3+\frac{N}{2}n^2+\left(\frac{1}{6}-\frac{N^2}{2}\right)n+\left(\frac{N^3}{6}-\frac{N}{6}\right) & \frac{3N}{4}\leqslant n\leqslant N-1\end{cases}\tag{4.56}$$

$$W_{R^4}(e^{j\omega})=\frac{\sin^4(N\omega/8)}{\sin^4(\omega/2)}e^{-j\frac{N}{2}\omega}\tag{4.57}$$

由上述构造方法可以得出，将 m 个相同长度的矩形窗做 $m-1$ 次卷积运算，在序列后面加上 $(m-2)/2$ 个（m 为偶数时）或 $(m-1)/2$ 个（m 为奇数时）0，再在卷积序列的前面加上 $m/2$ 个（m 为偶数时）或 $(m-1)/2$ 个（m 为奇数时）0，即可得到 m 阶卷积窗。在频域，其 DTFT 表达式为：

$$W_{R^m}(e^{j\omega})=\begin{cases}\frac{\sin^m(N\omega/2m)}{\sin^m(\omega/2)}e^{-j\frac{N}{2}\omega} & m\text{ 为偶数}\\ \frac{\sin^m(N\omega/2m)}{\sin^m(\omega/2)}e^{-j\frac{N-1}{2}\omega} & m\text{ 为奇数}\end{cases}\tag{4.58}$$

m 阶卷积窗的主瓣宽度为 $\Lambda=2m\pi/N$，阶数越高，主瓣越宽，为了避免降低频谱分辨率，卷积窗的阶数一般不超过 4 阶。另外，卷积窗在 $\omega = k\Lambda\,(k=1,\ 2,\ \cdots,\ N)$ 处的频谱幅值为 0，且在这些零点处的 $1\sim m-1$ 阶导数值均为 0，即卷积窗频谱在零值点附近取值非常平坦，因此，卷积窗具有良好的频谱泄漏抑制效果。

另需指出的是，由式(4.51)可以看出，矩形窗可理解为特殊的 1 阶卷积窗。为此，参照矩形窗的推导方法，本节以 2 阶卷积窗和 4 阶卷积窗为例做进一步的研究。

4.3.2 加 2 阶卷积窗的相位差计算公式

对于式(4.1)中的两路同频正弦信号，用长度为 N 的 2 阶卷积窗对信号 $x_{1,2}(n)$ 进行加权截断，可得到加窗信号在 $\hat{\omega}$ 处的 DTFT 为：

$$\begin{aligned}
X_{R^2,\,(1,\,2)N}(\hat{\omega}) &= \sum_{n=0}^{N-1} A_{1,\,2}\cos(\omega\cdot n+\theta_{1,\,2})\cdot w_{R^2}(n)\cdot \mathrm{e}^{-j\hat{\omega}n} \\
&= \sum_{n=0}^{N-1}\frac{A_{1,\,2}}{2}\left[\mathrm{e}^{j(\omega\cdot n+\theta_{1,\,2})}+\mathrm{e}^{-j(\omega\cdot n+\theta_{1,\,2})}\right]\cdot w_{R^2}(n)\cdot \mathrm{e}^{-j\hat{\omega}n} \\
&= \frac{A_{1,\,2}}{2}\left[\mathrm{e}^{j\theta_{1,\,2}}W_{R^2}(\hat{\omega}-\omega)+\mathrm{e}^{-j\theta_{1,\,2}}W_{R^2}(\hat{\omega}+\omega)\right] \\
&= \frac{A_{1,\,2}}{2}\cdot\frac{\sin^2\left(\dfrac{N(\hat{\omega}-\omega)}{4}\right)}{\sin^2\left(\dfrac{\hat{\omega}-\omega}{2}\right)}\cdot \mathrm{e}^{j\left[\theta_{1,\,2}-\frac{N(\hat{\omega}-\omega)}{2}\right]}+\frac{A_{1,\,2}}{2}\cdot \\
&\quad \frac{\sin^2\left(\dfrac{N(\hat{\omega}+\omega)}{4}\right)}{\sin^2\left(\dfrac{\hat{\omega}+\omega}{2}\right)}\cdot \mathrm{e}^{-j\left[\theta_{1,\,2}+\frac{N(\hat{\omega}+\omega)}{2}\right]}
\end{aligned} \tag{4.59}$$

需要说明的是，根据频域卷积定理，时域相乘对应于频域卷积，因此，也可理解为：

$$X_{R^2,(1,2)N}(\hat{\omega})=X_{(1,2)N}(\hat{\omega})\cdot W_{R^2}(\hat{\omega}) \tag{4.60}$$

假设 $\hat{\omega}\neq\omega$，进行推导可得：

$$\tan\varphi_{R^2,(1,2)N}=\frac{\mathrm{Im}\left[X_{R^2,(1,2)N}(\hat{\omega})\right]}{\mathrm{Re}\left[X_{R^2,(1,2)N}(\hat{\omega})\right]}=\frac{c_1'\tan\theta_{R^2,(1,2)N}-c_2'}{c_3'\tan\theta_{R^2,(1,2)N}+c_4'} \tag{4.61}$$

进而求得：

$$\tan\theta_{R^2,(1,2)N}=\frac{c_4'\tan\varphi_{R^2,(1,2)N}+c_2'}{c_1'-c_3'\tan\varphi_{R^2,(1,2)N}} \tag{4.62}$$

式(4.62)中，$\varphi_{R^2,(1,2)N}$为$X_{R^2,(1,2)N}(\hat{\omega})$的相位。

$c_1'=\sin^2a_1'\sin^2a_4'\cos2a_1'-\sin^2a_2'\sin^2a_3'\cos2a_3'$

$c_2'=\sin^2a_1'\sin^2a_4'\sin2a_1'+\sin^2a_2'\sin^2a_3'\sin2a_3'$

$c_3'=\sin^2a_1'\sin^2a_4'\sin2a_1'-\sin^2a_2'\sin^2a_3'\sin2a_3'$

$c_4'=\sin^2a_1'\sin^2a_4'\cos2a_1'+\sin^2a_2'\sin^2a_3'\cos2a_3'$

$a_1'=N(\hat{\omega}-\omega)/4$，$a_2'=(\hat{\omega}-\omega)/2$，$a_3'=N(\hat{\omega}+\omega)/4$，$a_4'=(\hat{\omega}+\omega)/2$

利用公式 $\tan(\theta_{R^2,2N}-\theta_{R^2,1N})=\dfrac{\tan\theta_{R^2,2N}-\tan\theta_{R^2,1N}}{1+\tan\theta_{R^2,2N}\tan\theta_{R^2,1N}}$，可计算得到两路信号的相位差为：

$$\Delta\theta=\arctan\left[\frac{(c_1'c_4'+c_2'c_3')(\tan\varphi_{R^2,2N}-\tan\varphi_{R^2,1N})}{(c_1'^2+c_2'^2)+(c_2'c_4'-c_1'c_3')(\tan\varphi_{R^2,1N}+\tan\varphi_{R^2,2N})+(c_3'^2+c_4'^2)\tan\varphi_{R^2,1N}\tan\varphi_{R^2,2N}}\right] \tag{4.63}$$

当信号的信噪比不是很低时，采用自适应陷波滤波法或离散频谱校正法求得的频率估计值接近信号频率真实值，可近似认为 $\hat{\omega}\approx\omega$，$\sin a_1/\sin a_2\approx N/2$，代入式(4.63)可得：

$$\Delta\theta=\arctan\left[\frac{m_1'(\tan\varphi_{R^2,2N}-\tan\varphi_{R^2,1N})}{m_2'+m_3'(\tan\varphi_{R^2,1N}+\tan\varphi_{R^2,2N})+m_4'\tan\varphi_{R^2,1N}\tan\varphi_{R^2,2N}}\right] \tag{4.64}$$

式(4.64)中，$m_1'=(N\sin\hat{\omega})^4/16-\sin^4\beta'$

$m_2'=(N\sin\hat{\omega})^4/16+\sin^4\beta'-[(N\sin\hat{\omega}\sin\beta')^2\cos2\beta']/2$

$m_3'=[(N\sin\hat{\omega}\sin\beta')^2\sin2\beta']/2$

$m_4'=(N\sin\hat{\omega})^4/16+\sin^4\beta'+[(N\sin\hat{\omega}\sin\beta')^2\cos2\beta']/2$；$\beta'=N\hat{\omega}/2$

式(4.64)即为计及负频率的加 2 阶卷积窗 DTFT 的相位差计算公式。当 $\hat{\omega}=\omega$ 时，可推导得到与式(4.64)完全相同的相位差计算公式。因此，在实际计算过程中，无须事先判断 $\hat{\omega}$ 是否等于 ω。此外，公式的推导过程中考虑了负频率成分的影响，通过式(4.62)也能准确求出两路信号的初始相位。

4.3.3 加 4 阶卷积窗的相位差计算公式

式(4.56)和式(4.57)分别阐述了 4 阶卷积窗的时、频域表达式，参照加 2

阶卷积窗 DTFT 的相位差计算公式的推导过程，在此不再赘述其推导过程，可得到两路信号的相位差为：

$$\Delta\theta=\arctan\left[\frac{m_5'(\tan\varphi_{R^4,2N}-\tan\varphi_{R^4,1N})}{m_6'+m_7'(\tan\varphi_{R^4,1N}+\tan\varphi_{R^4,2N})+m_8'\tan\varphi_{R^4,1N}\tan\varphi_{R^4,2N}}\right] \tag{4.65}$$

式(4.65)中：$m_5'=(N\sin\hat{\omega}/4)^8-\sin^8\beta''$

$$m_6'=(N\sin\hat{\omega}/4)^8+\sin^8\beta''-2\cdot[(N\sin\hat{\omega}\sin\beta''/4)^4\cos4\beta'']$$

$$m_7'=2\cdot[(N\sin\hat{\omega}\sin\beta''/4)^4\sin4\beta'']$$

$$m_8'=(N\sin\hat{\omega}/4)^8+\sin^8\beta''+2\cdot[(N\sin\hat{\omega}\sin\beta''/4)^4\cos4\beta'']$$

$$\beta''=N\hat{\omega}/4$$

式(4.65)即为计及负频率的加 4 阶卷积窗 DTFT 的相位差计算公式。当 $\hat{\omega}=\omega$ 时，也可推导得到与式(4.65)完全相同的相位差计算公式。因此，在实际计算过程中，无须事先判断 $\hat{\omega}$ 是否等于 ω。

归纳起来，本节所述的基于卷积窗 DTFT 的相位差测量方法的实现步骤如下：

(1) 求出 ω 的估计值 $\hat{\omega}$；

(2) 对第一个矩形窗内的采样序列作常规 DTFT 运算；

(3) 然后在频域加 2 阶卷积窗或 4 阶卷积窗进行卷积运算，分别求出 $\tan\varphi_1$ 和 $\tan\varphi_2$；

(4) 由 $\hat{\omega}$、N 求出 $m_1'\sim m_4'$ 或 $m_5'\sim m_8'$，并同 $\tan\varphi_1$ 和 $\tan\varphi_2$ 一起代入式(4.64)或式(4.65)，即可计算求得该短窗内两路信号的相位差；

(5) 利用滑动 DTFT 递推公式(4.46)或(4.49)，求出两路信号在任意指定频率 $\hat{\omega}_i$ 处的 DTFT；

(6) 重复步骤(3)和(4)，从而可求得两路信号在任意时刻处的相位差。

4.3.4 仿真实验

为验证本节所述方法的有效性，采用单一频率实正弦信号，对传统 DTFT 法和本节方法(加 1 阶卷积窗、加 2 阶卷积窗和加 4 阶卷积窗)，分别在无噪声、有噪声和采样点数变化的情况下进行了仿真验证。

仿真实验结果表明：在无噪声条件下，当频率很低或接近 Nyquist 频率时，传统 DTFT 法的相位差测量误差均较大，而本节所述方法均具有很高的相位差测量精度，其原因为：在频率很低或接近 Nyquist 频率时，信号的旁瓣干涉较大，本节方法计及了负频率成分的影响，能有效地抑制频谱泄漏的影响，所以能获得较高的相位差测量精度(见图 4.6、图 4.7)。

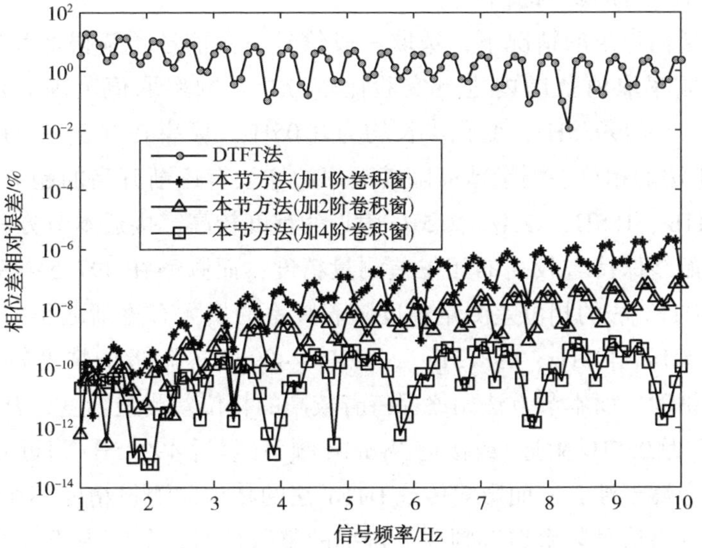

图 4.6　无噪声条件下频率很低时的相位差测量相对误差

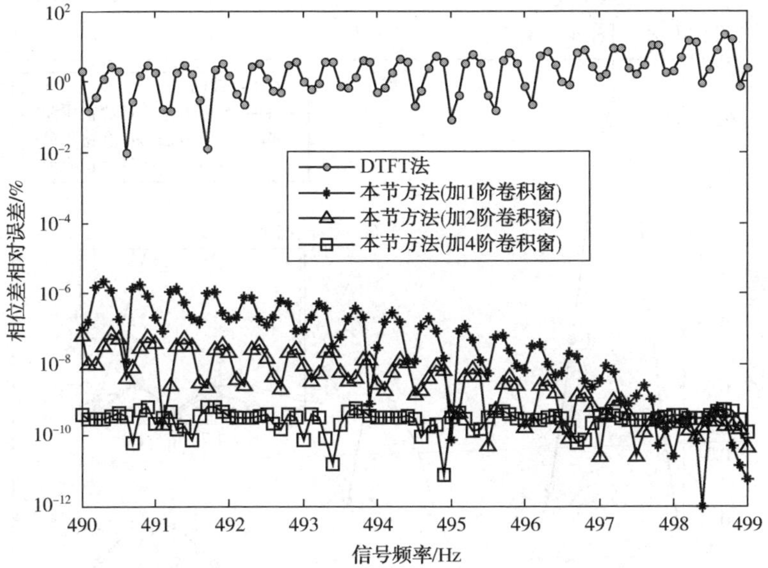

图 4.7　无噪声条件下接近 Nyquist 频率时的相位差测量相对误差

本节方法中加高阶卷积窗的相位差测量精度明显高于加低阶卷积窗的相位差测量精度，其原因为：高阶卷积窗具有比低阶卷积窗更好的旁瓣泄漏抑制效果。另需说明的是，图形均呈现震荡趋势，是因为当信号频率靠近频率分辨率的整数倍时，负频率成分的影响较小。

在加高斯白噪声的情况下，选取一段信号，在信号频率很低和接近 Nyquist 频率的信号频率取值范围内进行实验比较分析，频率取值范围分别为：0.5～2.5Hz 和 497.5～499.5Hz，变化步长均为 0.05Hz。频率在 0.5～2.5Hz 的变化过程中，DTFT 法的相位差测量精度随着频率的增大有逐渐升高的趋势，其中在靠近 0.5Hz、1Hz、1.5Hz、2Hz、2.5Hz 附近的精度较高，接近本节方法计算精度，而本节方法始终保持着较高的相位差测量精度；而频率在 497.5～499.5Hz 的变化过程中，DTFT 法的相位差测量精度随着频率的增大有逐渐减小的趋势，其中在靠近 497.5Hz、498Hz、498.5Hz、499Hz、499.5Hz 附近的精度较高，接近本节方法计算精度，而本节方法始终保持着较高的相位差测量精度，其原因为：在频率很低(靠近 0.5Hz 附近)或接近 Nyquist 频率(靠近 499.5Hz 附近)时，负频率成分会产生旁瓣干涉，进而影响传统 DTFT 法的相位差测量精度，在频率远离这两端时，尤其当信号频率靠近频率分辨率的整数倍时，负频率成分的影响较小，传统 DTFT 法接近本节方法测量精度，而本节方法考虑了负频率成分的影响，并施加了卷积窗，有效地抑制了频谱泄漏的影响，所以能始终保持着较高的相位差测量精度(见图 4.8、图 4.9)。

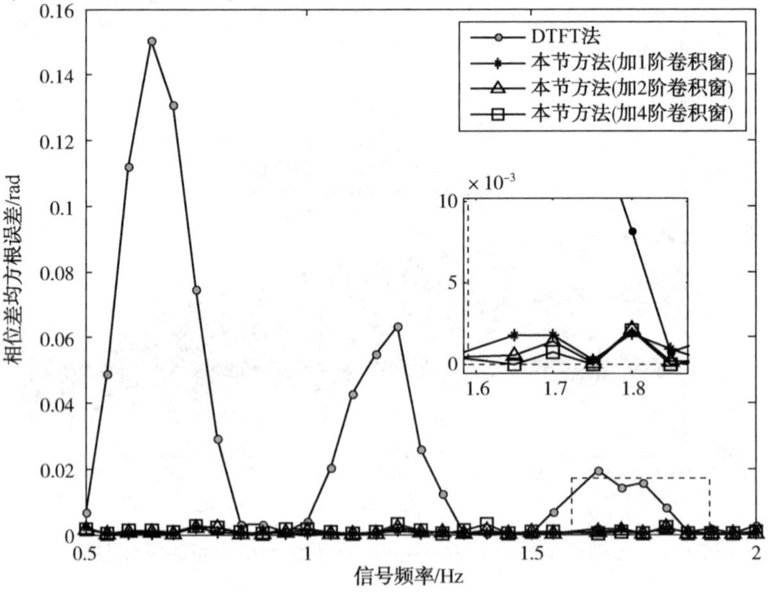

图 4.8　噪声条件下频率很低时的相位差估计均方根误差

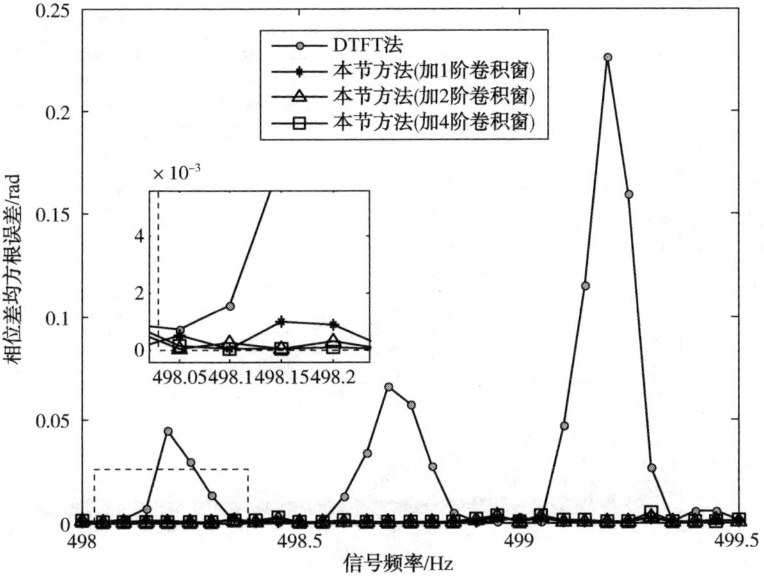

图 4.9 噪声条件下接近 Nyquist 频率时的相位差估计均方根误差

此外，随着信号频率远离低频或者 Nyquist 频率时，加高阶卷积窗比加低阶卷积窗的相位差测量效果更好一些，其原因为：高阶卷积窗的主瓣比低阶卷积窗的主瓣宽，信号频率过于靠近两端时，高阶卷积窗比低阶卷积窗更容易产生主瓣干涉，进而影响相位差的测量精度；随着信号频率远离低频或者 Nyquist 频率，主瓣干涉的影响将减小，高阶卷积窗将体现出比低阶卷积窗更好的旁瓣泄漏抑制效果。

为考察采样点数变化对相位差测量精度的影响，在叠加高斯白噪声的情况下，取信号频率为 2.5Hz，采样点数在 100~1000 范围内变化时相位差均方根误差的变化曲线如图 4.10 所示。可以看出，当信号频率靠近频率分辨率的一半的整数倍时，负频率成分的影响较小，DTFT 法精度接近本节方法精度；随着采样点数的增加，DTFT 法的测量精度有明显提高，而本节方法的测量精度提高较少；本节方法始终能保持着较高的相位差测量精度，说明本节方法在较少采样点数的情况下也可获得较高的相位差测量精度。此外，实验还表明，当采样点数增加到满足一定采样点数条件的情况下，再增加采样点数也不会明显改善相位差的测量精度。

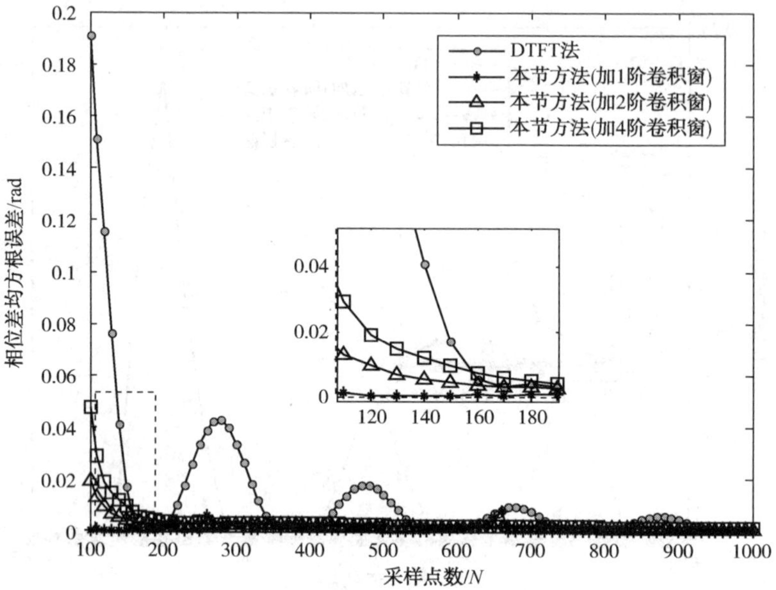

图 4.10　采样点数变化下的相位差估计均方根误差

4.4　小结

本章从频域视角，对相位差测量中应用较为广泛的 DTFT 法进行了分析研究。由误差分析可知，传统 DTFT 法在计算两路信号的相位差时，去掉了负频率成分，其直接将实正弦信号当作复正弦信号进行求解的方法本课题组认为是需要修正的，计算结果也将产生较大的误差。为进一步说明负频率成分的重要性，本章对极端频率信号进行了频谱分析，重点针对 DTFT 法测量极端频率信号存在相位差精度较差的问题展开了深入探讨，在此基础上，介绍了一类基于 DTFT 的极端频率信号相位差测量方法，详细阐述了加不同窗(矩形窗、汉宁窗、卷积窗)函数的相位差计算公式，并分别探讨了有无噪声和采样点数变化情况下对相位差测量精度的影响。其中，为了减小算法的计算量，还介绍了滑动 DTFT 递推算法。

研究得出如下结论：

(1) 对极端频率信号进行频谱分析时，负频率成分会产生较严重的频谱干涉，此时，若采用传统 DTFT 法计算两路信号的相位差将产生较大误差，其主要原因是忽略了负频率成分的影响。为此，本章介绍一类基于 DTFT 的极端频率信号相位差测量方法，以提高 DTFT 法处理极端频率信号的相位差测量精度。理论分析和仿真结果均表明，本章所述方法明显改善了 DTFT 法的相位差测量精度，不仅适用于极端频率信号，也适用于其他非极端频率信号，其适用范围更广、测量精度更高。

（2）高阶窗的主瓣比低阶窗的主瓣宽，信号频率过于靠近频谱两端时，高阶窗比低阶窗更容易产生主瓣干涉，进而影响相位差的测量精度；随着信号频率远离低频或者 Nyquist 频率，主瓣干涉的影响将减小，高阶窗将体现出比低阶窗更好的旁瓣泄漏抑制效果。为此，窗函数阶数的选择应根据现场分析的实际情况而定。

（3）本章所述的滑动 DTFT 递推算法消除了冗余计算，提高了计算效率，其计算量更小、实时性更好。

（4）本章所述的相位差测量方法在较少采样点数的情况下也可获得较高的相位差测量精度。

5　基于 FFT 的信号相位差测量方法

基于 DFT 频谱分析的相位差测量方法由于对谐波和随机噪声干扰具有较强的抑制能力，且能够利用 FFT 快速算法，运算效率高，便于硬件实现，因而得到了较广泛的应用。本章主要针对其中的 FFT 法进行了研究，在分别对其测量原理进行归纳和整理的基础上，着重对其在噪声背景下的测量误差进行了分析和对比，在计及负频率成分影响的基础上，通过施加余弦窗、卷积窗等不同窗函数来抑制频谱泄漏的影响，进而介绍了一类基于 FFT 的极端频率信号相位差测量方法。其中，为进一步减少算法的计算量，增强算法的实时性和动态性，还介绍了滑动 DFT 递推算法。

5.1　FFT 法测量原理及分析

5.1.1　FFT 法测量原理

在各种基于 DFT 频谱分析的相位差测量方法中，最简单和最基本的方法就是 FFT 法，即通过快速傅里叶变换(FFT)得到两路同频信号的离散频谱，分别求出其在最大谱线处的相位，相减之后得到两路信号的相位差。

设观测信号为两路单一频率的实正弦信号：

$$\begin{aligned} s_1(t) &= A_1\cos(2\pi f_0 t+\theta_1) \\ s_2(t) &= A_2\cos(2\pi f_0 t+\theta_2) \end{aligned} \tag{5.1}$$

式中，A_1、A_2 为信号幅度；f_0 为信号频率；θ_1、θ_2 为信号初相。不失一般性，f_0 可表示为如下形式：

$$f_0=(k_0+\delta)\cdot f_{\mathrm{d}} \tag{5.2}$$

式中，k_0 为整数；δ 称为泄漏误差系数；$|\delta|\leqslant 0.5$；f_{d} 称为频率分辨率，$f_{\mathrm{d}}=f_{\mathrm{s}}/N$；$f_{\mathrm{s}}$ 为采样频率，$f_{\mathrm{s}}\geqslant 2f_0$；$N$ 为采样点数。

以 f_{s} 同时对两路信号进行采样，得到采样序列

$$\begin{aligned} s_1(n)=A_1\cos[2\pi(k_0+\delta)\cdot n/N+\theta_1] \\ s_2(n)=A_2\cos[2\pi(k_0+\delta)\cdot n/N+\theta_2] \end{aligned} \quad n=0,\ 1,\ \cdots,\ N-1 \tag{5.3}$$

对 $s_1(n)$ 进行 FFT 变换，得到离散频谱 $S_1(k)$，$k=0,\ 1,\ \cdots,\ N-1$，则 $S_1(k)$ 在 $k=k_0$ 处具有最大谱线。由 DFT 的定义，得

$$\begin{aligned} S_1(k_0) &= \sum_{n=0}^{N-1} A_1\cos\left[2\pi(k_0+\delta)\cdot\frac{n}{N}+\theta_1\right]\cdot e^{-j\frac{2\pi}{N}nk_0} \\ &= \sum_{n=0}^{N-1}\frac{A_1}{2}\left\{e^{j[2\pi(k_0+\delta)\cdot\frac{n}{N}+\theta_1]}+e^{-j[2\pi(k_0+\delta)\cdot\frac{n}{N}+\theta_1]}\right\}\cdot e^{-j\frac{2\pi}{N}nk_0} \end{aligned} \tag{5.4}$$

忽略负频率成分，只计算正频率部分，则有

$$\begin{aligned} S_1(k_0) &= \sum_{n=0}^{N-1}\frac{A_1}{2}e^{j[2\pi(k_0+\delta)\cdot\frac{n}{N}+\theta_1]}\cdot e^{-j\frac{2\pi}{N}nk_0} = \frac{A_1}{2}e^{j\theta_1}\cdot\sum_{n=0}^{N-1}e^{j\frac{2\pi}{N}n\delta} \\ &= \begin{cases} \dfrac{A_1}{2}\cdot\dfrac{\sin(\pi\delta)}{\sin(\pi\delta/N)}\cdot e^{j(\theta_1+\pi\delta-\pi\delta/N)}, & \text{当 } \delta\neq 0 \text{ 时} \\ \dfrac{A_1}{2}\cdot N\cdot e^{j\theta_1}, & \text{当 } \delta=0 \text{ 时} \end{cases} \end{aligned} \tag{5.5}$$

用 φ_1 表示 $S_1(k_0)$ 的相位，则 φ_1 可统一表示为如下形式：

$$\varphi_1=\theta_1+\pi\delta-\pi\delta/N \tag{5.6}$$

同理，用 φ_2 表示 $s_2(n)$ 的离散频谱 $S_2(k)$ 在最大谱线 k_0 处的相位，则有

$$\varphi_2=\theta_2+\pi\delta-\pi\delta/N \tag{5.7}$$

用 $\Delta\theta$ 表示两路信号之间的相位差，则

$$\Delta\theta=\theta_2-\theta_1=\varphi_2-\varphi_1 \tag{5.8}$$

即两路信号之间的相位差等于其离散频谱在最大谱线处的相位之差，此即为 FFT 法测量相位差的基本原理。

由式(5.6)或式(5.7)还可以看出，直接用 FFT 求信号初相往往存在较大的误差。为此，可采用离散频谱校正方法对求得的信号初相进行校正，以得到准确的信号初相值。目前，国内外常见的离散频谱校正方法主要有比值校正法(内插法)[144~146]、能量重心校正法[147]、FFT+FT 谱局部细化法[148,149]和相位差校正法[150~155]，这些方法通常用于信号频率、幅值及初相的校正。需要指出的是，离散频谱校正方法虽可以对 FFT 求得的信号初相进行校正，但对于两路同频信号，采用离散频谱校正方法得到的初相校正量是相同的，因而相减之后正好抵消，其相位差计算结果与 FFT 法完全相同。所以，一般的离散频谱校正方法并不能直接用于提高相位差的测量精度。

5.1.2 误差分析

在加性噪声背景下，第一路观测信号的采样序列可表示为

$$r_1(n)=s_1(n)+z_1(n),\ n=0,\ 1,\ \cdots,\ N-1 \tag{5.9}$$

式中，$s_1(n)$为纯正弦信号的采样序列，如式(5.3)中所示；$z_1(n)$是均值为零、方差为σ_z^2的实高斯白噪声序列。$r_1(n)$的N点DFT变换可表示为

$$R_1(k)=S_1(k)+Z_1(k)=A_k e^{j\varphi_k}+be^{j\varphi_z},\ k=0,\ 1,\ \cdots,\ N-1 \tag{5.10}$$

式中，$S_1(k)$为$s_1(n)$的DFT变换，A_k和φ_k分别为$S_1(k)$的幅度和相位；$Z_1(k)$为$z_1(n)$的DFT变换，b和φ_z分别为$Z_1(k)$的幅度和相位。由DFT的定义，有

$$Z_1(k)=\sum_{n=0}^{N-1} z_1(n)\cdot e^{-j\frac{2\pi}{N}nk} \tag{5.11}$$

对$z_1(n)$进行DFT变换相当于$z_1(n)$通过一个线性系统的输出。由于$z_1(n)$是高斯白噪声序列，所以$Z_1(k)$也服从高斯分布，其均值和方差分别为[156]：

$$E[Z_1(k)]=\sum_{n=0}^{N-1} E[z_1(n)]\cdot e^{-j\frac{2\pi}{N}nk}=0 \tag{5.12}$$

$$\operatorname{var}[Z_1(k)]=E[|Z_1(k)|^2]=\operatorname{var}[z_1(n)]\cdot\sum_{n=0}^{N-1}|e^{-j\frac{2\pi}{N}nk}|^2=\operatorname{var}[z_1(n)]\cdot N=N\sigma_z^2 \tag{5.13}$$

根据式(5.11)，$Z_1(k)$的自相关函数为

$$\begin{aligned}E[Z_1(k)\cdot Z_1^*(l)]&=E\left[\sum_{m=0}^{N-1} z_1(m)e^{-j\frac{2\pi}{N}mk}\cdot\sum_{n=0}^{N-1} z_1(n)e^{j\frac{2\pi}{N}nl}\right]\\&=E\left[\sum_{m=0}^{N-1}\sum_{n=0}^{N-1} z_1(m)z_1(n)\cdot e^{j\frac{2\pi}{N}(nl-mk)}\right]\\&=\sum_{m=0}^{N-1}\sum_{n=0}^{N-1} E[z_1(m)z_1(n)]\cdot e^{j\frac{2\pi}{N}(nl-mk)}\end{aligned} \tag{5.14}$$

对于高斯白噪声序列$z_1(n)$，当$m\neq n$时，有$E[z_1(m)z_1(n)]=0$，故式(5.14)可简化为

$$\begin{aligned}E[Z_1(k)\cdot Z_1^*(l)]&=\sum_{n=0}^{N-1} E[z_1(n)z_1(n)]\cdot e^{j\frac{2\pi}{N}(l-k)n}\\&=\sigma_z^2\cdot\sum_{n=0}^{N-1} e^{j\frac{2\pi}{N}(l-k)n}\\&=\begin{cases}N\sigma_z^2, & l=k\\0, & l\neq k\end{cases}\end{aligned} \tag{5.15}$$

可见，对于不同的离散频率 k，虽然 $Z_1(k)$ 是由同一组随机变量线性组合而成，但由于DFT基函数的正交特性，$Z_1(k)$ 是不相关的[157]。而对于 $z_1(n)$ 的不同次实现，由于 $z_1(n)$ 本身的不相关性，$Z_1(k)$ 也是不相关的。因此，$Z_1(k)$ 为复高斯白噪声序列。显然，$Z_1(k)$ 的实部($b\cos\varphi_z$)和虚部($b\sin\varphi_z$)亦均为高斯白噪声序列，且有：

$$E[b\cos\varphi_z]=E[b\sin\varphi_z]=E[Z_1(k)]=0 \tag{5.16}$$

$$\mathrm{var}[b\cos\varphi_z]=\mathrm{var}[b\sin\varphi_z]=\mathrm{var}[Z_1(k)]/2=N\sigma_z^2/2 \tag{5.17}$$

在最大谱线 k_0 处，$r_1(n)$ 的DFT变换可表示为：

$$R_1(k_0)=S_1(k_0)+Z_1(k_0)=A_{k1}\mathrm{e}^{j\varphi_1}+b\mathrm{e}^{j\varphi_z} \tag{5.18}$$

式中，A_{k1} 为 $S_1(k_0)$ 的幅度，由式(5.5)有

$$A_{k1}=\frac{A_1}{2}\cdot\frac{\sin(\pi\delta)}{\sin(\pi\delta/N)}\approx\frac{A_1}{2}N\cdot\mathrm{sinc}(\delta) \tag{5.19}$$

φ_1 为 $S_1(k_0)$ 的相位，$\varphi_1=\theta_1+\pi\delta-\pi\delta/N$；$\mathrm{sinc}(\delta)=\sin(\pi\delta)/(\pi\delta)$，称为sinc函数。式(5.18)可进一步整理为：

$$\begin{aligned}R_1(k_0)&=A_{k1}\mathrm{e}^{j\varphi_1}\left[1+\frac{b}{A_{k1}}\mathrm{e}^{j(\varphi_z-\varphi_1)}\right]\\&=A_{k1}\mathrm{e}^{j\varphi_1}\left[1+\frac{b}{A_{k1}}\cos(\varphi_z-\varphi_1)+j\frac{b}{A_{k1}}\sin(\varphi_z-\varphi_1)\right]\\&=A_{k1}\sqrt{1+\left(\frac{b}{A_{k1}}\right)^2+\frac{2b}{A_{k1}}\cos(\varphi_z-\varphi_1)}\cdot\mathrm{e}^{j\varphi_1'}\end{aligned} \tag{5.20}$$

式中，φ_1' 为 $R_1(k_0)$ 的相位：

$$\varphi_1'=\varphi_1+\arctan\left[\frac{\frac{b}{A_{k1}}\sin(\varphi_z-\varphi_1)}{1+\frac{b}{A_{k1}}\cos(\varphi_z-\varphi_1)}\right] \tag{5.21}$$

当信噪比不是特别低时，对于较大的 N，b/A_{k1} 的取值接近或大于1的概率极小，在讨论 φ_1' 的方差时可以忽略这种极小概率情况，即可以认为 $b/A_{k1}\ll1$，于是有：

$$\begin{aligned}\varphi_1'&\approx\varphi_1+\arctan\left[\frac{b}{A_{k1}}\sin(\varphi_z-\varphi_1)\right]\\&\approx\varphi_1+\frac{b}{A_{k1}}\sin(\varphi_z-\varphi_1)\end{aligned} \tag{5.22}$$

其中 b 和 φ_z 为随机变量，A_{k1} 和 φ_1 为非随机变量。于是式(5.22)可表示为如下形式：

$$\varphi_1' = \varphi_1 + \varphi_{z1} \tag{5.23}$$

式中，φ_{z1} 为叠加在 φ_1 上的噪声：

$$\varphi_{z1} = b\sin(\varphi_z - \varphi_1)/A_{k1} \tag{5.24}$$

显然，φ_{z1} 为高斯白噪声，其均值和方差分别为：

$$\begin{aligned} E(\varphi_{z1}) &= E(b\sin\varphi_z\cos\varphi_1 - b\cos\varphi_z\sin\varphi_1)/A_{k1} \\ &= [E(b\sin\varphi_z)\cos\varphi_1 - E(b\cos\varphi_z)\sin\varphi_1]/A_{k1} \\ &= 0 \end{aligned} \tag{5.25}$$

$$\begin{aligned} \mathrm{var}(\varphi_{z1}) &= \mathrm{var}(b\sin\varphi_z\cos\varphi_1 - b\cos\varphi_z\sin\varphi_1)/A_{k1}^2 \\ &= [\mathrm{var}(b\sin\varphi_z)\cos^2\varphi_1 + \mathrm{var}(b\cos\varphi_z)\sin^2\varphi_1]/A_{k1}^2 \\ &= \frac{N\sigma_z^2/2}{[A_1 \cdot N \cdot \mathrm{sinc}(\delta)/2]^2} = \frac{1}{N \cdot \mathrm{sinc}^2(\delta) \cdot SNR_0} \end{aligned} \tag{5.26}$$

式中，SNR_0 为采样序列的信噪比，$SNR_0 = A_1^2/(2\sigma_z^2)$。

同理，对于第二路观测信号 $r_2(n) = s_2(n) + z_2(n)$，$n = 0$，1，…，$N-1$，设其在最大谱线 k_0 处的 DFT 相位为 φ_2'，则近似有：

$$\varphi_2' = \varphi_2 + \varphi_{z2} \tag{5.27}$$

式中，$\varphi_2 = \theta_2 + \pi\delta - \pi\delta/N$，$\varphi_{z2}$ 为叠加在 φ_2 上的噪声。根据 FFT 法的测量原理，两路信号之间的相位差可由下式求得：

$$\Delta\theta = \varphi_2' - \varphi_1' \tag{5.28}$$

则 $\Delta\theta$ 的估计方差为：

$$\begin{aligned} \mathrm{var}(\Delta\theta) &= \mathrm{var}(\varphi_2 - \varphi_1 + \varphi_{z2} - \varphi_{z1}) \\ &= \mathrm{var}(\theta_2 - \theta_1 + \varphi_{z2} - \varphi_{z1}) \\ &= \mathrm{var}(\varphi_{z2} - \varphi_{z1}) \end{aligned} \tag{5.29}$$

通常情况下，叠加在两路观测信号上的高斯白噪声可以认为是互不相关的，因而 φ_{z1} 和 φ_{z2} 也是不相关的，于是有：

$$\mathrm{var}(\Delta\theta) = \mathrm{var}(\varphi_{z1}) + \mathrm{var}(\varphi_{z2}) \tag{5.30}$$

假设两路观测信号的采样序列具有相同的信噪比 SNR_0，则有 $\mathrm{var}(\varphi_{z1}) = \mathrm{var}(\varphi_{z2})$，由式(5.30)可得：

$$\mathrm{var}(\Delta\theta) = \frac{2}{N \cdot \mathrm{sinc}^2(\delta) \cdot SNR_0} \tag{5.31}$$

则相位差估计的均方根误差为：

$$\sigma_{\Delta\theta}=\frac{\sqrt{2}}{\sqrt{N\cdot SNR_0}\cdot\mathrm{sinc}(\delta)} \tag{5.32}$$

由式(5.32)可见，用 FFT 法估计相位差的均方根误差与信噪比、采样序列长度和泄漏误差系数有关。提高信噪比或增加采样序列长度，可以降低相位差估计的均方根误差；且$|\delta|$越小，相位差估计的均方根误差也越小。

5.1.3 计算验证

采用单一频率实正弦信号叠加高斯白噪声，对本章阐述的相位差估计方差计算公式进行了计算机仿真验证。两路信号所叠加的是互不相关的高斯白噪声。

在 $A_1=A_2=1$，$N=1024$，$k_0=10$，$SNR=5\mathrm{dB}$，真实相位差 $\Delta\theta=\pi/3$ 条件下，采用 FFT 法，经 1000 次独立仿真得到的相位差估计方差与泄漏误差系数 δ 的关系如图 5.1 所示。图中，“●”代表计算机仿真结果，“---”为按式(5.31)得出的理论计算结果。从图 5.1 中可以看出，仿真结果与公式计算结果基本吻合。从变化趋势上看，$|\delta|$越小，FFT 法的相位差估计方差越小。

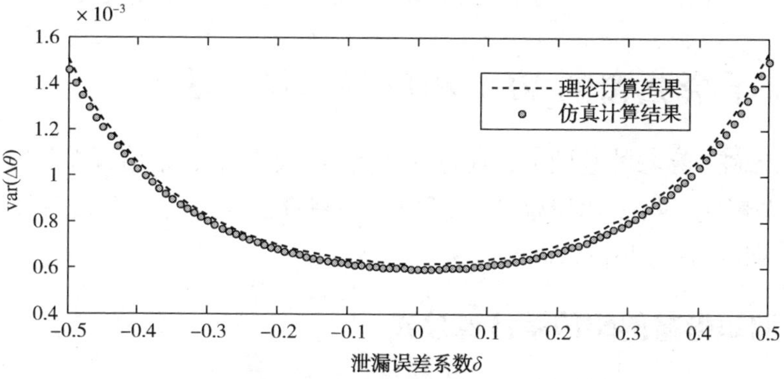

图 5.1　FFT 方法相位差估计方差与泄漏误差系数 δ 的关系

在 $A_1=A_2=1$，$N=1024$，$k_0=10$，$\delta=0.4$，真实相位差 $\Delta\theta=\pi/3$ 条件下，FFT 方法的相位差估计方差与信噪比 SNR 的关系如图 5.2 所示。

在 $A_1=A_2=1$，$k_0=10$，$\delta=0.4$，$SNR=5\mathrm{dB}$，真实相位差 $\Delta\theta=\pi/3$ 条件下，FFT 方法的相位差估计方差与采样序列长度 N 的关系如图 5.3 所示。从图中可以看出，仿真结果与公式计算结果是吻合的，且 SNR 越高或 N 越大，相位差估计的方差越小。

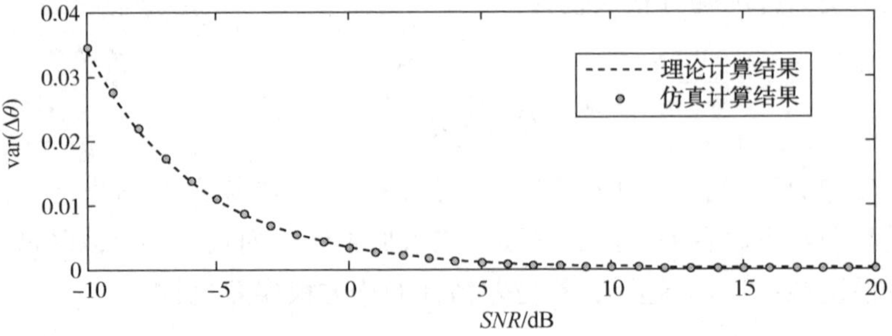

图 5.2　FFT 方法相位差估计方差与信噪比 SNR 的关系

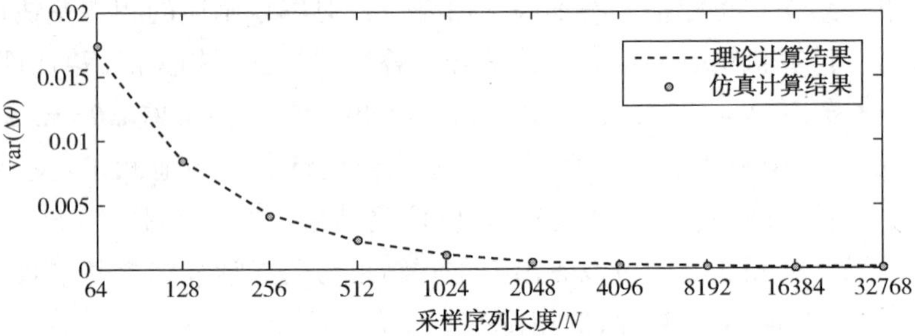

图 5.3　FFT 方法相位差估计方差与采样序列长度 N 的关系

5.2　基于余弦窗的 FFT 相位差测量方法

在传统 FFT 算法的基础上，通过计及负频分量影响，采用自卷积窗截取来抑制频谱泄漏影响，再采用滑动递推思想来提高算法实时性，介绍一种基于滑动 FFT 的极端频率信号相位差测量方法。

5.2.1　加矩形窗的相位差计算公式

对于式(5.4)，计及负频分量影响，可得

$$
\begin{aligned}
X_{1,2}(k_0) &= \sum_{n=0}^{N-1} \frac{A_{1,2}}{2}\left\{ e^{j[2\pi(k_0+\delta)\cdot\frac{n}{N}+\theta_{1,2}]} + e^{-j[2\pi(k_0+\delta)\cdot\frac{n}{N}+\theta_{1,2}]} \right\} \cdot e^{-j\frac{2\pi}{N}nk_0} \\
&= \frac{A_{1,2}}{2}\cdot\frac{\sin(\pi\delta)}{\sin(\pi\delta/N)}\cdot e^{j(\theta_{1,2}+\pi\delta-\pi\delta/N)} + \\
&\quad \frac{A_{1,2}}{2}\cdot\frac{\sin(\pi\delta)}{\sin[\pi(2k_0+\delta)/N]}\cdot e^{-j[\theta_{1,2}+\pi\delta-\pi(2k_0+\delta)/N]}
\end{aligned}
\tag{5.33}
$$

推导过程如下：

令 $\beta_1=\theta_{1,2}+\pi\delta-\pi\delta/N$，$\beta_2=\theta_{1,2}+\pi\delta-\pi(2k_0+\delta)/N$，$\beta_3=\pi\delta/N$，$\beta_4=\pi(2k_0+\delta)/N$。

代入式(5.33)，则

$$X_{1,2}(k_0)=\frac{A_{1,2}\sin(\pi\delta)}{2\sin\beta_3\sin\beta_4}[(\cos\beta_1\sin\beta_4+\cos\beta_2\sin\beta_3)+j(\sin\beta_1\sin\beta_4-\sin\beta_2\sin\beta_3)] \tag{5.34}$$

$$\begin{aligned}\tan\varphi_{1,2}&=\frac{\mathrm{Im}[X_{1,2}(k_0)]}{\mathrm{Re}[X_{1,2}(k_0)]}=\frac{\sin\beta_1\sin\beta_4-\sin\beta_2\sin\beta_3}{\cos\beta_1\sin\beta_4+\cos\beta_2\sin\beta_3}\\&=\frac{c_1\cdot\tan(\theta_{1,2}+\pi\delta)}{c_2+c_3\cdot\tan(\theta_{1,2}+\pi\delta)}\end{aligned} \tag{5.35}$$

其中：$c_1=\sin(2\pi k_0/N)$，$c_2=\sin[2\pi(k_0+\delta)/N]$，$c_3=2\sin(\pi\delta/N)\sin[\pi(2k_0+\delta)/N]$。

设 $\varphi_{1,2}$为 $X_{1,2}(k_0)$的相位，由式(5.35)可得：

$$\tan(\theta_{1,2}+\pi\delta)=\frac{c_2\cdot\tan\varphi_{1,2}}{c_1-c_3\cdot\tan\varphi_{1,2}} \tag{5.36}$$

$$\begin{aligned}\tan\Delta\theta&=\tan(\theta_2-\theta_1)=\tan[(\theta_2+\pi\delta)-(\theta_1+\pi\delta)]\\&=\frac{\tan(\theta_2+\pi\delta)-\tan(\theta_1+\pi\delta)}{1+\tan(\theta_1+\pi\delta)\tan(\theta_2+\pi\delta)}\end{aligned} \tag{5.37}$$

$$\Delta\theta=\arctan\left[\frac{c_1c_2(\tan\varphi_2-\tan\varphi_1)}{c_1^2-c_1c_3(\tan\varphi_1+\tan\varphi_2)+(c_2^2+c_3^2)\tan\varphi_1\tan\varphi_2}\right] \tag{5.38}$$

式(5.38)即为计及负频分量的相位差计算公式。上述推导过程中，未做任何省略或近似，所得计算公式是严格准确的。

5.2.2 加汉宁窗时的相位差计算公式

汉宁窗函数的时域表达式为[158]

$$w(n)=[1-\cos(2\pi n/N)]/2,\ n=0,\ 1,\ \cdots,\ N-1 \tag{5.39}$$

对采样序列 $s_1(n)$加汉宁窗后进行傅里叶变换，则有

$$S_{w1}(k_0)=\sum_{n=0}^{N-1}s_1(n)\cdot w(n)\cdot \mathrm{e}^{-j\frac{2\pi}{N}nk_0} \tag{5.40}$$

不忽略负频率成分，经推导后可得

$$\tan(\theta_1+\pi\delta)=c_4\cdot\tan\varphi_{w1} \tag{5.41}$$

式中，

$$c_4=\frac{\sin[2\pi(k_0+\delta)/N]}{\sin(2\pi k_0/N)}\cdot\frac{1+\cos(2\pi/N)-2\cos(\pi\delta/N)\cos[\pi(2k_0+\delta)/N]\cos(2\pi k_0/N)}{1+\cos(2\pi/N)-2\cos(\pi\delta/N)\cos[\pi(2k_0+\delta)/N]\cos[2\pi(k_0+\delta)/N]};$$

φ_{w1}为$S_{w1}(k_0)$的相位。

同理，对于第二路采样序列$s_2(n)$，有

$$\tan(\theta_2+\pi\delta)=c_4\cdot\tan\varphi_{w2} \tag{5.42}$$

式中，φ_{w2}为加汉宁窗后的$s_2(n)$在k_0处的DFT变换的相位。

由式(5.41)和式(5.42)，可求得两路信号之间的相位差

$$\Delta\theta=\arctan\left[\frac{c_4(\tan\varphi_{w2}-\tan\varphi_{w1})}{1+c_4^2\tan\varphi_{w1}\tan\varphi_{w2}}\right] \tag{5.43}$$

此即为新方法在加汉宁窗时的相位差计算公式。

当$\delta=0$时，$c_4=1$，由式(5.43)可得$\Delta\theta=\varphi_{w2}-\varphi_{w1}$，此即为FFT法在加汉宁窗时的相位差计算公式。因此，在加汉宁窗时，未计及负频率影响的FFT法的相位差计算公式也是本章方法在$\delta=0$时的特例。

归纳起来，本章介绍的相位差测量新方法在加汉宁窗时的计算步骤如下：

(1) 对采样序列$s_1(n)$和$s_2(n)$加汉宁窗；

(2) 对加窗后的$s_1(n)$求FFT，确定最大谱线的位置k_0，并求出$\tan\varphi_{w1}$，$\tan\varphi_{w1}=\dfrac{\mathrm{Im}[S_{w1}(k_0)]}{\mathrm{Re}[S_{w1}(k_0)]}$；

(3) 采用离散频谱校正方法求出δ的估计值$\hat{\delta}$，$\hat{\delta}=\sqrt{\dfrac{4\mathrm{Re}[S_{w1}(1)]+2S_{w1}(0)}{\mathrm{Re}[S_{w1}(1)]-S_{w1}(0)}}-k_0$；

(4) 计算加窗后的$s_2(n)$在k_0处的DFT变换，即$S_{w1}(k_0)$，求出$\tan\varphi_{w2}$，$\tan\varphi_{w2}=\dfrac{\mathrm{Im}[S_{w2}(k_0)]}{\mathrm{Re}[S_{w2}(k_0)]}$；

(5) 由k_0、$\hat{\delta}$、N求出c_4，并同$\tan\varphi_{w1}$、$\tan\varphi_{w2}$一起代入式(5.43)，从而求得相位差。

需要指出的是，式(5.43)在推导过程中未做任何近似和省略，因此在无噪声背景下，当δ准确已知时，通过该公式求得的相位差在理论上误差为零；当δ的真实值未知时，$\hat{\delta}$估计越准确，则相位差精度越高。

此外，在k_0和$\hat{\delta}$已获知的情况下，通过式(5.41)或式(5.42)还能够准确求出信号初相。

需要补充说明的是，在本章介绍的相位差测量方法中，需要准确估计泄漏误差系数 δ。但目前发展的离散频谱校正方法基本上均未考虑频谱中负频率成分的影响，当信号频率很低或接近 Nyquist 频率时，其校正精度明显下降，甚至失效。文献[159]提出了一种消除负频率影响的频谱校正方法，但其阐述的频率校正公式有误。本文作者对该方法重新进行了推导，得出了正确的频率校正公式，通过该公式可准确求得泄漏误差系数，适用于信号频率很低或接近 Nyquist 频率的场合。

5.3 基于卷积窗的 FFT 相位差测量方法

5.3.1 加 2 阶自卷积窗的相位差计算公式

通过常用的余弦窗进行卷积运算可得到卷积窗，卷积窗具有良好的频谱泄漏抑制效果。本章仅以矩形自卷积窗为例进行阐述说明。矩形自卷积窗是通过若干矩形窗进行卷积运算，并适当添加 0 得到的，其中矩形窗的个数即为自卷积窗的阶数。由此可知，1 阶自卷积窗即为原矩形窗。上述 5.2 节推导过程中对数据是进行自然截取，可理解为用矩形窗进行截取，因此，式(5.43)可理解为在计及负频分量加 1 阶自卷积窗的相位差计算公式。参照上述推导过程，2 阶自卷积窗函数的频域表达式为：

$$W_{R^2}(e^{j\omega}) = \frac{\sin^2(N\omega/4)}{\sin^2(\omega/2)} e^{-j\frac{N}{2}\omega} \tag{5.44}$$

根据时域相乘等于频域卷积的原理，可得

$$\begin{aligned}
X_{R^2,(1,2)}(\hat{\omega}) &= \sum_{n=0}^{N-1} A_{1,2}\cos(\omega \cdot n + \theta_{1,2}) \cdot w_{R^2}(n) \cdot e^{-j\hat{\omega}n} \\
&= \sum_{n=0}^{N-1} \frac{A_{1,2}}{2}\left[e^{j(\omega \cdot n+\theta_{1,2})} + e^{-j(\omega \cdot n+\theta_{1,2})}\right] \cdot w_{R^2}(n) \cdot e^{-j\hat{\omega}n} \\
&= \frac{A_{1,2}}{2}\left[e^{j\theta_{1,2}} W_{R^2}(\hat{\omega} - \omega) + e^{-j\theta_{1,2}} W_{R^2}(\hat{\omega} + \omega)\right] \\
&= \frac{A_{1,2}}{2} \cdot \frac{\sin^2\left(\dfrac{N(\hat{\omega} - \omega)}{4}\right)}{\sin^2\left(\dfrac{\hat{\omega} - \omega}{2}\right)} \cdot e^{j\left[\theta_{1,2} - \frac{N(\hat{\omega}-\omega)}{2}\right]} +
\end{aligned}$$

$$\frac{A_{1,2}}{2}\cdot\frac{\sin^2\left(\frac{N(\hat{\omega}+\omega)}{4}\right)}{\sin^2\left(\frac{\hat{\omega}+\omega}{2}\right)}\cdot e^{-j[\theta_{1,2}+\frac{N(\hat{\omega}+\omega)}{2}]}$$

(5.45)

设 $\varphi_{R^2,(1,2)}$ 为 $X_{R^2,(1,2)}(\hat{\omega})$ 的相位，由式(5.45)可得：

$$\tan\varphi_{R^2,(1,2)}=\frac{\mathrm{Im}[X_{R^2,(1,2)}(\hat{\omega})]}{\mathrm{Re}[X_{R^2,(1,2)}(\hat{\omega})]}=\frac{c_1'\tan\theta_{R^2,(1,2)}-c_2'}{c_3'\tan\theta_{R^2,(1,2)}+c_4'} \tag{5.46}$$

$$\tan\theta_{R^2,(1,2)}=\frac{c_4'\tan\varphi_{R^2,(1,2)}+c_2'}{c_1'-c_3'\tan\varphi_{R^2,(1,2)}} \tag{5.47}$$

式(5.47)中，

$c_1'=\sin^2a_1'\sin^2a_4'\cos2a_1'-\sin^2a_2'\sin^2a_3'\cos2a_3'$；

$c_2'=\sin^2a_1'\sin^2a_4'\sin2a_1'+\sin^2a_2'\sin^2a_3'\sin2a_3'$；

$c_3'=\sin^2a_1'\sin^2a_4'\sin2a_1'-\sin^2a_2'\sin^2a_3'\sin2a_3'$；

$c_4'=\sin^2a_1'\sin^2a_4'\cos2a_1'+\sin^2a_2'\sin^2a_3'\cos2a_3'$；

$a_1'=N(\hat{\omega}-\omega)/4$；$a_2'=(\hat{\omega}-\omega)/2$；$a_3'=N(\hat{\omega}+\omega)/4$；

$a_4'=(\hat{\omega}+\omega)/2$。

利用三角函数公式可得：

$$\Delta\theta=\arctan\left[\frac{D_1(\tan\varphi_{R^2,2}-\tan\varphi_{R^2,1})}{D_2+D_3(\tan\varphi_{R^2,1}+\tan\varphi_{R^2,2})+D_4\tan\varphi_{R^2,1}\tan\varphi_{R^2,2}}\right] \tag{5.48}$$

式(5.48)中，

$D_1=c_1'c_4'+c_2'c_3'$；$D_2=c_1'^2+c_2'^2$；$D_3=c_2'c_4'-c_1'c_3'$；$D_4=c_3'^2+c_4'^2$。

当信噪比不是很低时，一般可较准确估计出频率真实值，可认为 $\hat{\omega}\approx\omega$，$\sin a_1/\sin a_2\approx N/2$，代入式(5.48)可得：

$$\Delta\theta=\arctan\left[\frac{m_1(\tan\varphi_{R^2,2N}-\tan\varphi_{R^2,1N})}{m_2+m_3(\tan\varphi_{R^2,1N}+\tan\varphi_{R^2,2N})+m_4\tan\varphi_{R^2,1N}\tan\varphi_{R^2,2N}}\right] \tag{5.49}$$

式(5.49)中，

$m_1=(N\sin\hat{\omega})^4/16-\sin^4\beta'$；

$m_2=(N\sin\hat{\omega})^4/16+\sin^4\beta'-[(N\sin\hat{\omega}\sin\beta')^2\cos2\beta']/2$；

$m_3=[(N\sin\hat{\omega}\sin\beta')^2\sin2\beta']/2$；

$m_4=(N\sin\hat{\omega})^4/16+\sin^4\beta'+[(N\sin\hat{\omega}\sin\beta')^2\cos2\beta']/2$；

$\beta'=N\hat{\omega}/2$。

其中，频率估计值 $\hat{\omega}=2\pi(k_0+\delta)n/N$。式(5.49)即可理解为加2阶自卷积窗的相位差计算公式。参照上述推导过程，可推导出加 n 阶自卷积窗的相位差计算公式。

5.3.2 滑动递推算法

假设 m 时刻得到 $x(m)$，…，$x(m+N-1)$ 共 N 数据点，则 DFT 为：

$$X^m(k)=\sum_{n=0}^{N-1}x(n)\cdot W_N^{kn},\ W_N=e^{-j\frac{2\pi}{N}},\ k=0\sim N-1 \tag{5.50}$$

则 $m+1$ 时刻的 DFT 与 m 时刻的 DFT 之间的递推关系为：

$$\begin{aligned}X^{m+1}(k)&=\sum_{n=1}^{N}x(n)\cdot W_N^{k(n-1)}=W_N^{-k}\sum_{n=1}^{N}x(n)\cdot W_N^{kn}\\&=[X^m(k)+x(m+N)-x(m)]W_N^{-k}\end{aligned} \tag{5.51}$$

也可表示为：

$$X^{m+1}(\omega)=[X^m(\omega)+x(m+N)-x(m)]\cdot e^{j\omega} \tag{5.52}$$

由式(5.51)和式(5.52)可以看出，利用滑动递推思想减少了算法计算量，计算下一时刻的值只需两次加法和一次乘法运算，提高了算法实时性。

归纳起来，本文所述方法实现步骤如下：

(1) 采用频谱校正法求出 k_0 和 δ 的估计值；

(2) 在第一个矩形窗内做 DFT 运算；

(3) 在频域加自卷积窗进行卷积运算，并求出 $\tan\varphi_{1,2}$，$\tan\varphi_{1,2}=\dfrac{\mathrm{Im}[X_{1,2}(k_0)]}{\mathrm{Re}[X_{1,2}(k_0)]}$；

(4) 将求出的 k_0、δ、N、$\tan\varphi_{1,2}$ 一起代入式(5.48)或式(5.49)，即可求得相位差；

(5) 利用滑动递推公式(5.51)或式(5.52)，可求出下一时刻的 DFT；

(6) 重复步骤(3)和(4)，即可求得任意时刻处的相位差。

5.3.3 仿真实验

采用单一频率实正弦信号，分别在无噪声和叠加高斯白噪声背景下，对本章介绍的相位差方法进行了仿真比较分析。

由图 5.4 ~图 5.7 可以看出，在无噪声条件下，在靠近极端频率信号两端时，FFT 法的测量误差会逐渐增大，而本文所述方法具有很高的相位差测量精度，是由于本文方法计及了负频分量的影响，所以能始终保持较高的相位差测量精度。当信号频率远离两端时，FFT 法的测量精度会逐渐靠近本文方法的测量精度，是因为随着信号频率远离两端时，负频分量的影响会逐渐减小。本文方法始终保持较高的相位差测量精度，特别适用于极端频率信号的相位差测量。

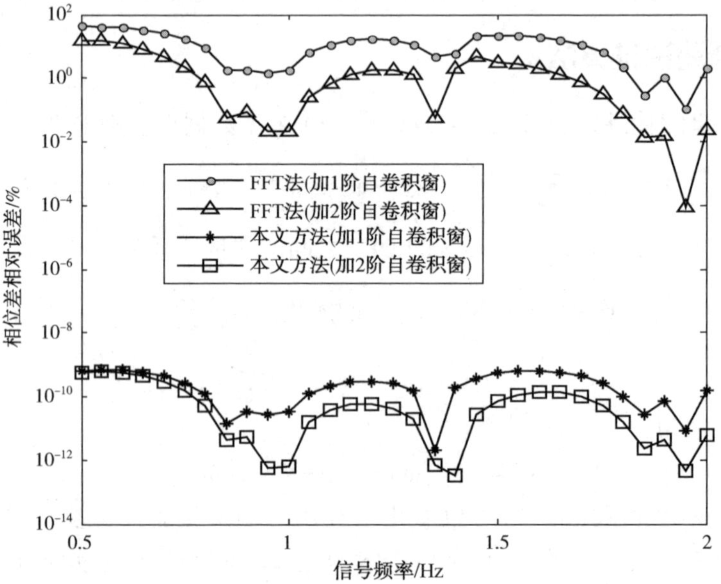

图 5.4　无噪声条件下极端低频信号的相位差相对误差

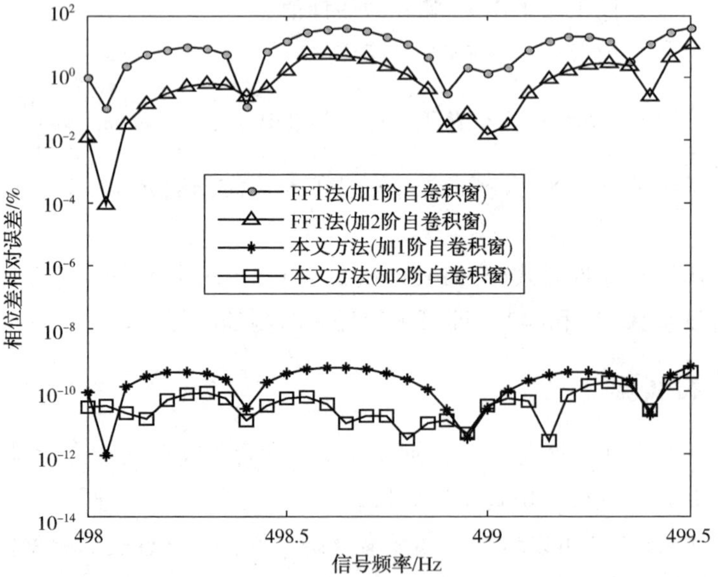

图 5.5　无噪声条件下极端高频信号的相位差相对误差

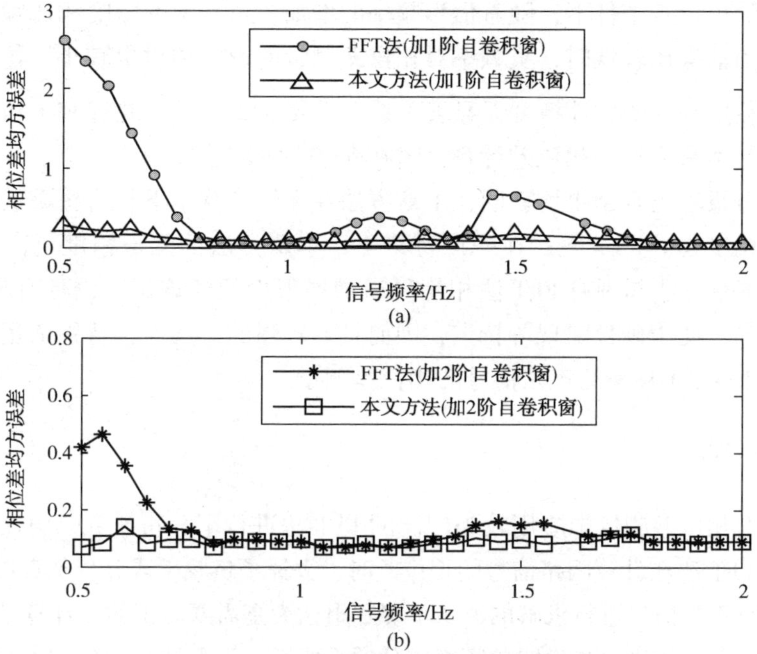

图 5.6　噪声条件下极端低频信号的相位差均方根误差

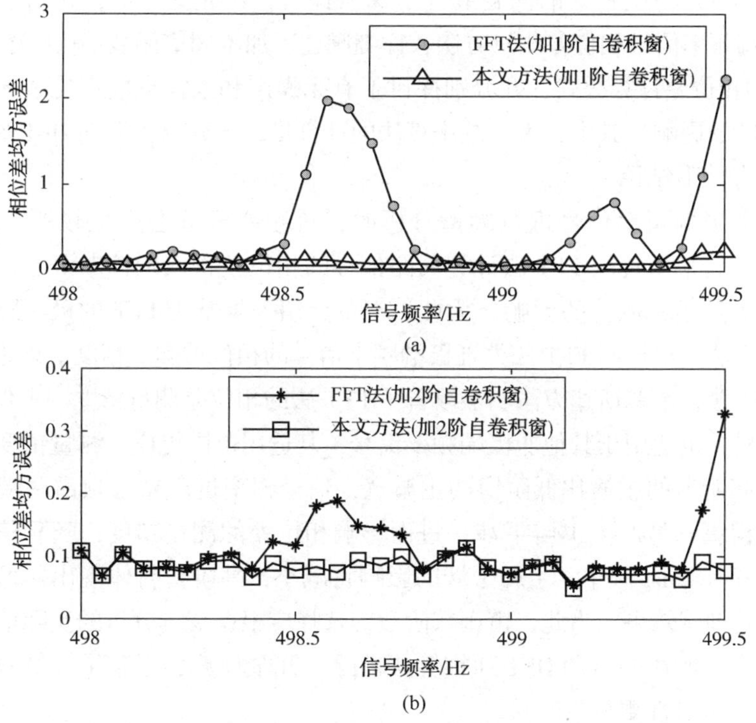

图 5.7　噪声条件下极端高频信号的相位差均方根误差

在加噪声背景条件下，随着信号频率的增加，负频率的影响相比噪声影响而言较小。当信噪比较低时，负频率对相位差测量的影响相对也较小，仿真表明相位差测量精度与 $\hat{\delta}$ 的估计精度无显著关系。需要注意的是，现有 FFT 法的相位差计算公式是本章方法的相位差计算公式在 $\delta=0$ 时的特例。

理论分析和仿真结果均表明，本章方法在无噪声背景下具有很高的精度，误差接近双精度运算的下限；在噪声背景下，本章方法的测量精度仍高于传统的 FFT 法。本章方法与现有 FFT 法相比只需增加很少的计算量，仍具有算法简单、运算效率高、便于硬件实现等特点，因而具有较强的实用性，特别适用于频率很低或接近 Nyquist 频率的正弦信号的相位差测量。

5.4 小结

本章对相位差测量中应用较为广泛的 FFT 法进行了分析研究。由误差分析可知，传统 FFT 法在计算两路信号的相位差时，去掉了负频率成分，其直接将实正弦信号当作复正弦信号进行求解的方法本课题组认为是需要修正的，计算结果也将产生较大的误差。为进一步说明负频率成分的重要性，重点针对 FFT 法测量极端频率信号存在相位差精度较差的问题展开了深入探讨，在此基础上，介绍了一类基于 FFT 的极端频率信号相位差测量方法，详细阐述了加不同窗函数(矩形窗、汉宁窗、卷积窗)的相位差计算公式，并分别探讨了有无噪声和采样点数变化情况下对相位差测量精度的影响。其中，为了减小算法的计算量，还介绍了滑动 DFT 递推算法。

研究有如下结论：

(1) 对极端频率信号进行频谱分析时，负频率成分会产生较严重的频谱干涉，此时，若采用传统 FFT 法计算两路信号的相位差将产生较大误差，其主要原因是忽略了负频率成分的影响。为此，本章介绍一类基于 FFT 的极端频率信号相位差测量方法，以提高 FFT 法处理极端频率信号的相位差测量精度。理论分析和仿真结果均表明，本章所述方法明显改善了 FFT 法的相位差测量精度，不仅适用于极端频率信号，也适用于其他非极端频率信号，其适用范围更广、测量精度更高。

(2) 高阶窗的主瓣比低阶窗的主瓣宽，信号频率过于靠近频谱两端时，高阶窗比低阶窗更容易产生主瓣干涉，进而影响相位差的测量精度；随着信号频率远离低频或者 Nyquist 频率，主瓣干涉的影响将减小，高阶窗将体现出比低阶窗更好的旁瓣泄漏抑制效果。为此，窗函数阶数的选择应根据现场分析的实际情况而定。

(3) 本章所述的滑动 DFT 递推算法消除了冗余计算，提高了计算效率，其计算量更小、实时性更好。

6 实复转换式信号相位差测量方法

为抑制信号中频谱泄漏的影响，提高信号的参数测量精度，特别是在低频或中高信噪比条件下的参数测量精度，本章介绍实复转换式测量原理，阐述两种实复转换式相位差测量方法，分别阐述两种方法的流程步骤和性能分析，并进行计算验证。

6.1 实复转换式测量原理

受实信号中负频率成分频谱泄漏的影响，现有频域法的测量精度偏低，特别是在低频或中高信噪比条件时，频谱泄漏更加严重，信号参数测量精度更低。为此，介绍实复转换式测量原理，阐述2种实复转换方式，即合成复信号和实复相减策略。

6.1.1 实信号和复信号

在信号处理中，常见的信号模型有实信号和复信号，实信号模型如式(2.1)示，复信号模型如下。

$$x(n)=ae^{j(\omega n+\theta)}+z(n)\quad n=0,1,\cdots,N-1 \tag{6.1}$$

式中：$a>0$、$\omega\in(0,\pi)$、$\theta\in(-\pi,\pi)$分别表示复信号的幅值、频率和初相位；n表示采样时刻点，N表示信号长度；$z(n)$是均值为0、方差为σ^2的加性高斯复白噪声信号。此外，复信号的信噪比定义为：$SNR=10\lg(a^2/\sigma^2)$。

对复信号进行频谱分析，DFT计算结果为：

$$\begin{aligned}X(k)&=\sum_{n=0}^{N-1}x(n)\,e^{-jk\omega_s n}\\&=Ae^{j\frac{(\omega-k\omega_s)(N-1)}{2}}\frac{\sin\dfrac{(\omega-k\omega_s)N}{2}}{\sin\dfrac{(\omega-k\omega_s)}{2}}+Z(k)\quad k=0,1,\cdots,N-1\\&=X^+(k)+Z(k)\end{aligned} \tag{6.2}$$

可以看出，无噪声影响时，复信号的频谱成分单一，只含有正频率频谱，不含有实信号中的负频率频谱。这为将实信号转换为复信号、抑制频谱泄漏的影响、提高参数测量精度提供了理论基础。

通过对比不含噪的实信号和复信号模型可知，实信号含有正频率成分和负频率成分两部分，复信号只有正频率成分。

为直观理解两种信号模型的差异，以及频谱泄漏的影响，对实信号$\sqrt{2}\cos(0.3\pi n+\pi/3)$和复信号$0.5\sqrt{2}e^{j(0.3\pi n+\pi/3)}$分别在没有噪声影响和信噪比为 10dB 的条件下进行频谱分析，如图 6.1 所示。

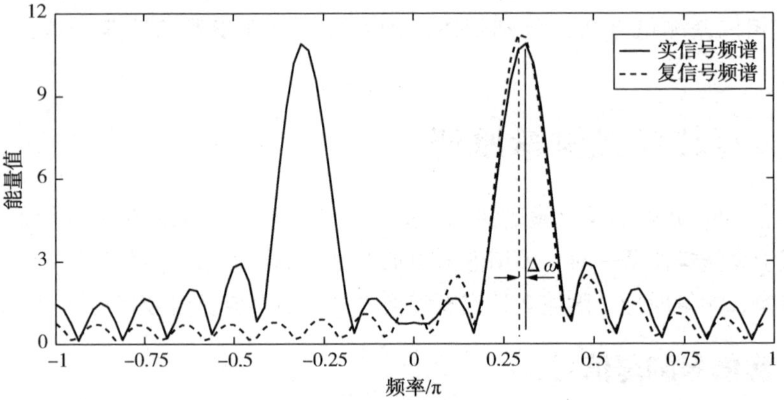

(a)无噪声

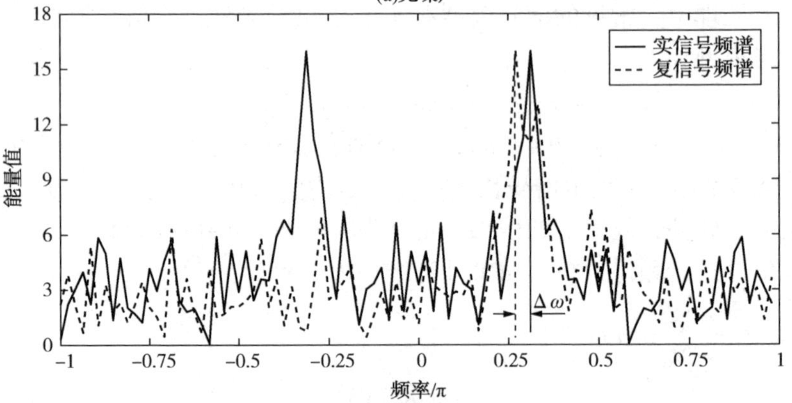

(b)SNR=10dB

图 6.1　实信号和复信号频谱

从频谱上看，实信号含有正频率频谱和负频率频谱，复信号只含有正频率频谱。没有噪声时，信号的频率测量精度只受频谱泄漏的影响，由于负频率成分的频谱泄漏，叠加在正频率频谱上，使得实信号的正频率频谱不能和同频率的复信号频谱完全重合，导致实信号的频率测量存在偏差 $\Delta\omega$。有噪声时，信号频率测量精度不仅受频谱泄漏的影响，还受噪声的影响，由于图 6.1 的(a)和(b)中的频谱泄漏影响一样，所以(b)中的频率测量偏差大于(a)中的频率偏差。

6.1.2 实复转换思想

为抑制实信号中频谱泄漏的影响，在对比分析实信号模型和复信号模型的基础上，介绍实复转换式测量原理，其思想如图 6.2 所示。

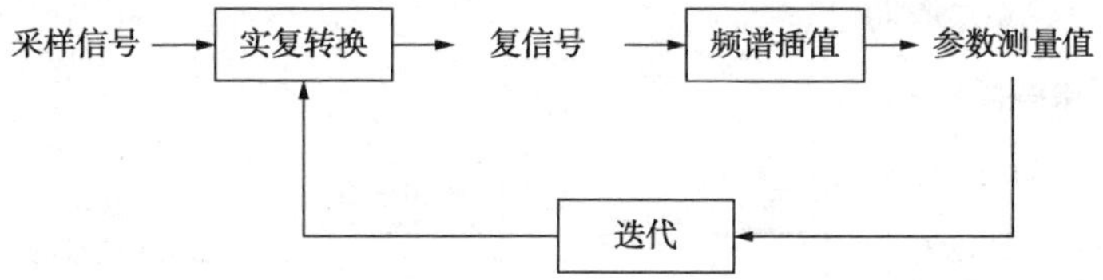

图 6.2 实复转换式参数测量原理

顾名思义，实复转换是将实信号转换为复信号。实复转换式测量原理是先将采样实信号转换为复信号，实现实复转换，再对复信号进行分析，以抑制实信号中频谱泄漏的影响，从而提高信号的参数测量精度，主要包含以下几个步骤。

首先，将实信号转换为复信号，以减少实信号中负频率成分，抑制频谱泄漏的影响。这一步骤被称为实复转换，是本章方法的关键技术，能否尽可能多地减少实信号中的负频率成分，直接反映所设计方法对频谱泄漏的抑制能力，也关系着参数的测量精度。

其次，对复信号进行频谱分析，利用 FFT 法求取频谱索引值，并对复信号频谱进行插值计算，得到抑制了频谱泄漏影响的参数测量值。

最后，为进一步减少实信号中的负频率成分，提高对频谱泄漏的抑制能力，采用迭代方式重新实现实复转换，再对复信号进行处理，逐步提高信号的参数测量精度，特别是在低频和中高信噪比条件下的参数测量精度。

实复转换式测量原理思想是将含有正频率成分和负频率成分的实信号转换为只含有正频率成分的复信号，通过实复转换减少实信号中负频率成分，从源头上抑制频谱泄漏的影响，为提高信号的参数测量精度奠定基础。

6.1.3 流程步骤

由实复转换式测量原理可知，如何将实信号转换为复信号以实现实复转换，是设计实复转换式参数测量方法的关键技术。为此，介绍两种可实现实复转换的方式，即合成复信号和实复相减策略。

(1) 合成复信号

根据欧拉公式 $e^{jt}=\cos t+j\sin t$，可构造等式：

$$ae^{j(\omega n+\theta)}=a\cos(\omega n+\theta)+ja\sin(\omega n+\theta) \tag{6.3}$$

可将等式左边部分理解为复信号，等式右边第一项理解为采样实信号，右边第二项理解为采样实信号的正交分量，即为信号的解析解。该式中既含有实信号，也含有复信号，因此可用来实现实复转换，并将这种方式称为合成复信号。

在利用合成复信号实现实复转换的基础上，所设计的参数测量方法思想如图 6.3所示，实现步骤如下。

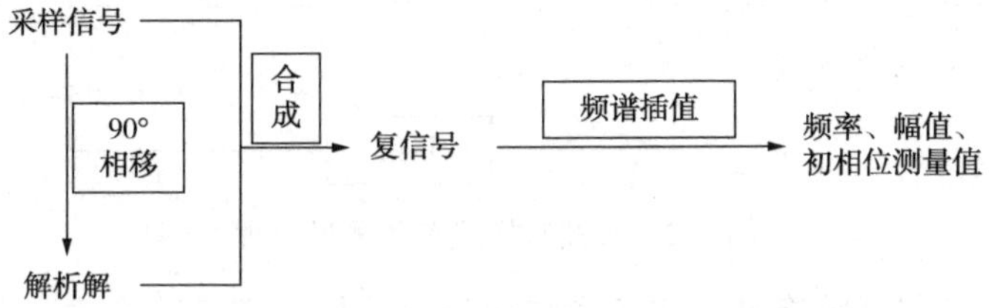

图 6.3　合成复信号的参数测量思想

首先，对采样信号进行 90°相移，求其解析解，即式(6.3)右边第二项。

其次，利用式(6.3)将采样信号与其解析解合成为复信号，即得到等式的左边部分，实现实复转换。

最后，对合成的复信号进行迭代频谱插值计算，得到精确的参数测量值。

(2) 实复相减策略

根据欧拉公式，实信号可改写为：

$$x(n)=Ae^{j\omega n}+A^{*}e^{-j\omega n} \tag{6.4}$$

等式左边部分为采样信号，等式右边第一项为只含有正频率成分的复信号，右边第二项为只含有负频率成分的复信号。受等式右边第二项的影响，实信号参数测量的精度不高。因此，考虑将等式右边第二项减去，则采样信号中只含有正频率成分，实现了实复转换，并将这种方式称为实复相减策略。

在利用实复相减策略实现实复转换的基础上，所设计的参数测量方法思想如图 6.4 所示，实现步骤如下。

首先，对采样信号进行预处理，构造只含有负频率成分的参考信号，即式(6.4)右边第二项。

其次，通过实复相减策略将采样信号和参考信号相减，得到只含有正频率成分的复信号，即式(6.4)右边第一项，实现实复转换。

最后，对生成的复信号进行迭代频谱插值计算，得到精确的参数测量值。

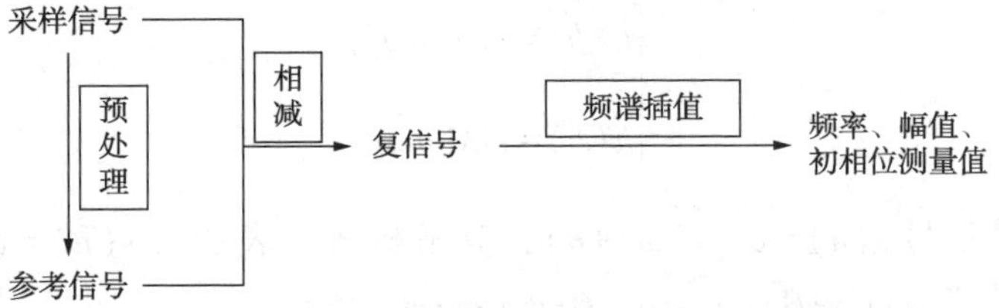

图 6.4　实复相减策略的参数测量思想

为抑制实信号中负频率频谱泄漏的影响，本节在对比分析实信号模型和复信号模型的基础上，介绍了实复转换式测量原理，阐述了实复转换的具体实现流程，即合成复信号和实复相减策略 2 种实复转换方式，为设计实复转换式相位差测量方法奠定了基础。

6.2　基于解析解的相位差测量方法

为提高信号在中高信噪比条件时相位差测量精度，抑制实信号中频谱泄漏的影响，基于实复转换式测量原理，介绍一种基于解析解的相位差测量方法，分别从流程步骤、性能分析两方面对该方法进行介绍[160]。

6.2.1　流程步骤

该方法的核心思想是：根据实复转换原理，通过求取采样信号的解析解，采用合成复信号的方式实现实复转换，并对复信号进行频谱分析，通过迭代计算以进一步提高方法的参数测量性能，得到每路信号精确的频率、幅值和初相位测量值，最后得到两路信号的相位差。

根据方法思想，本方法包括求取解析解、实复转换、频率粗测量和参数精测量四个步骤。

（1）求取解析解

首先，利用 FFT 法对第 1 路采样信号 $x(n)$ 进行预处理，得到频谱索引值 k_0，从而得到频率粗测量值。

$$k_0 = \underset{0 \leqslant k \leqslant N/2-1}{\operatorname{argmax}} \left| FFT[x(n)] \right|^2 \tag{6.5}$$

$$\hat{\omega}_0 = k_0 \omega_s \tag{6.6}$$

其次，根据频率粗测量值 $\hat{\omega}_0$，生成参考信号 $h(b)$ 及其解析解 $\widetilde{h}(b)$。

$$\begin{cases} h(b)=\cos(b\hat{\omega}_0) \\ \tilde{h}(b)=\sin(b\hat{\omega}_0) \end{cases} \tag{6.7}$$

对于正弦信号 $s(n)=a\cos(\omega n+\theta)$，其解析解可表示为 $\tilde{s}(n)=a\sin(\omega n+\theta)$。根据三角恒等式 $\cos(\alpha+\beta)=\cos\alpha\cos\beta-\sin\alpha\sin\beta$，可得：

当 $0\leqslant n\leqslant N-b$ 时，

$$s(n+b)=s(n)\cos(b\omega)-\tilde{s}(n)\sin(b\omega) \tag{6.8}$$

当 $N-b<n\leqslant N-1$ 时，

$$s(n-b)=s(n)\cos(b\omega)+\tilde{s}(n)\sin(b\omega) \tag{6.9}$$

式中，b 为小于 N 的正整数。

通过三角恒等变换，可对正弦信号进行 90°相移，即利用式(6.8)和式(6.9)求取信号的解析解。将式(6.7)~式(6.9)整理后，正弦信号的解析解可表示为：

$$\tilde{s}(n)=\begin{cases} \dfrac{s(n)h(b)-s(n+b)}{\tilde{h}(b)}, & 0\leqslant n\leqslant N-b \\ \dfrac{s(n-b)-s(n)h(b)}{\tilde{h}(b)}, & N-b<n\leqslant N-1 \end{cases} \tag{6.10}$$

因此，根据频率粗测量值 ω_0 和生成的参考信号 $n(b)$ 及其解析解 $\tilde{h}(b)$，可利用式(6.10)对采样信号 $x(n)$ 进行 90°相移，得到其解析解 $\tilde{x}(n)$。

(2) 实复转换

根据实复转换式测量原理，采用合成复信号的方式，将采样信号 $x(n)$ 与其解析解 $\tilde{x}(n)$ 合成为复信号 $x_c(n)$，实现实复转换。

$$x_c(n)=x(n)+j\tilde{x}(n) \tag{6.11}$$

由于通过式(6.10)可得到准确的信号解析解，则复信号 $x_c(n)$ 的期望值为：

$$E[x_c(n)]=a\cos(\omega n+\theta)+ja\sin(\omega n+\theta) \tag{6.12}$$

说明该方法可准确地实现采样信号 90°相移，通过实复转换可得到不受其他频率成分影响的复信号，有利于实现实信号参数的精确测量。

(3) 频率粗测量

为提高参数测量精度，对合成的复信号进行频谱插值计算。为尽可能多地抑制频谱泄漏的影响，本方法采用迭代的方式以提高信号参数测量精度。因此，设

偏移量初值 $\hat{\delta}_0=0$，迭代次数为 i，$1<i\leqslant I$。

首先，在复信号 $x_c^i(n)$ 频谱索引值 k_0 两边进行频谱插值，插值间隔为 0.5。

$$X_p=\sum_{n=0}^{N-1}x_c^i(n)\ \mathrm{e}^{-j2\pi(k_0+\hat{\delta}_{i-1}+p)n/N}$$
$$=a\mathrm{e}^{j\theta}\frac{1-\mathrm{e}^{j(\hat{\delta}_i-\hat{\delta}_{i-1}-p)\omega_s N}}{1-\mathrm{e}^{j(\hat{\delta}_i-\hat{\delta}_{i-1}-p)\omega_s}}\qquad p=\pm 0.5 \tag{6.13}$$

当 N 较大时，$\hat{\delta}_i-\hat{\delta}_{i-1}-p\ll N$，则 $j(\hat{\delta}_i-\hat{\delta}_{i-1}-p)\omega_s$ 趋于 0。因此，可利用等价无穷小替换公式：$1-\mathrm{e}^{-x}$ 趋于 x（当 x 趋于 0 时），将式(6.13)简化为：

$$X_p=-Nab\frac{\hat{\delta}_i-\hat{\delta}_{i-1}}{\hat{\delta}_i-\hat{\delta}_{i-1}-p}\quad p=\pm 0.5 \tag{6.14}$$

式中，$b=\mathrm{e}^{j\theta}[1+e^{j2\pi(\hat{\delta}_i-\delta_{i-1})}]/[j2\pi(\hat{\delta}_i-\hat{\delta}_{i-1})]$。

根据插值点频谱，构造中间变量 h。

$$h=\frac{|X_{0.5}|-|X_{-0.5}|}{|X_{0.5}|+|X_{-0.5}|} \tag{6.15}$$

由于 $-0.5\leqslant\hat{\delta}_i$，$\hat{\delta}_{i-1}\leqslant 0.5$，且 $\hat{\delta}_i$ 与 $\hat{\delta}_{i-1}$ 相接近，所以 $-0.5\leqslant\hat{\delta}_i-\hat{\delta}_{i-1}\leqslant 0.5$，则：

$$h=\frac{\dfrac{Na|b(\hat{\delta}_i-\hat{\delta}_{i-1})|}{0.5-(\hat{\delta}_i-\hat{\delta}_{i-1})}-\dfrac{Na|b(\hat{\delta}_i-\hat{\delta}_{i-1})|}{0.5+(\hat{\delta}_i-\hat{\delta}_{i-1})}}{\dfrac{Na|b(\hat{\delta}_i-\hat{\delta}_{i-1})|}{0.5-(\hat{\delta}_i-\hat{\delta}_{i-1})}+\dfrac{Na|b(\hat{\delta}_i-\hat{\delta}_{i-1})|}{0.5+(\hat{\delta}_i-\hat{\delta}_{i-1})}}$$
$$=2(\hat{\delta}_i-\hat{\delta}_{i-1}) \tag{6.16}$$

因此，可根据插值点的频谱值得到偏移量测量值。

$$\hat{\delta}_i=\hat{\delta}_{i-1}+\frac{1}{2}\frac{|X_{0.5}|-|X_{-0.5}|}{|X_{0.5}|+|X_{-0.5}|} \tag{6.17}$$

根据频谱索引值和偏移量测量值，即可得到信号频率粗测量值。

$$\hat{\omega}_i=(k_0+\hat{\delta}_i)\omega_s \tag{6.18}$$

(4) 参数精测量

为进一步提高参数测量精度，利用式(6.7)和式(6.10)重新生成参考信号和采样信号解析解，并利用式(6.11)合成复信号 $x_c^i(n)$，再利用式(6.13)、式(6.17)对复信号进行计算，最后利用式(6.18)得到精确的频率测量值 $\hat{\omega}$。

得到信号频率后，计算信号复幅值。

$$\hat{A}=\frac{1}{N}\sum_{n=0}^{N-1}x_{\mathrm{c}}^{I}(n)\ \mathrm{e}^{-j(k_0+\hat{\delta}_I)\omega_{\mathrm{s}}n} \tag{6.19}$$

根据复幅值，可得到精确的幅值和初相位测量值。

$$\begin{cases}\hat{a}=|\hat{A}|\\ \hat{\theta}_1=\angle\hat{A}\end{cases} \tag{6.20}$$

根据第 1 路信号的频率测量值 $\hat{\omega}$ 和式(6.7)构造参考信号，利用式(6.10)求出第 2 路信号解析解，并利用式(6.11)合成第 2 路信号复信号 $y_{\mathrm{c}}(n)$，求出第 2 路信号复幅值。

$$\hat{B}=\frac{1}{N}\sum_{n=0}^{N-1}y_{\mathrm{c}}(n)\ \mathrm{e}^{-j(k_0+\hat{\delta}_I)\omega_{\mathrm{s}}n} \tag{6.21}$$

从而得到第 2 路信号精确的幅值和初相位测量值。

$$\begin{cases}\hat{b}=|\hat{B}|\\ \hat{\theta}_2=\angle\hat{B}\end{cases} \tag{6.22}$$

最后，根据两路信号的初相位，得到相位差。

$$\Delta\hat{\theta}=\hat{\theta}_2-\hat{\theta}_1 \tag{6.23}$$

综上所述，基于解析解的相位差测量方法的计算流程如下：

1）利用式(6.5)与式(6.6)对第 1 路采样信号进行频率粗测量，然后利用式(6.7)生成参考信号及其解析解，最后利用式(6.10)对采样信号进行 90°相移，得到解析解；

2）利用式(6.11)将采样信号和其解析解合成复信号，实现实复转换；

3）利用式(6.13)与式(6.17)计算信号偏移量，利用式(6.18)得到较精确的频率粗测量值；

4）重复步骤 1）、2）和步骤 3），得到精确的频率测量值，然后利用(6.19)计算采样信号的复幅值，最后利用式(6.20)计算信号幅值和初相位；

5）利用第 1 路信号频率和式(6.7)构造参考信号，利用式(6.10)求出第 2 路信号解析解，利用式(6.11)合成第 2 路信号复信号 $y_c(n)$，并通过式(6.21)和式(6.22)得到第 2 路信号幅值和初相位；

6）利用式(6.23)计算两路信号相位差。

6.2.2 性能分析

本节方法采用了迭代计算，为说明方法的收敛情况，在不同迭代次数下以频率测量为例进行仿真验证。仿真时，设 $N=128$，$SNR=30\text{dB}$，索引值 k_0 由 2 以 1 为步长增加到 32，偏移量 $\delta=0.2$，分别在迭代次数为 1、2、3 的条件下验证结果如图 6.5 所示。

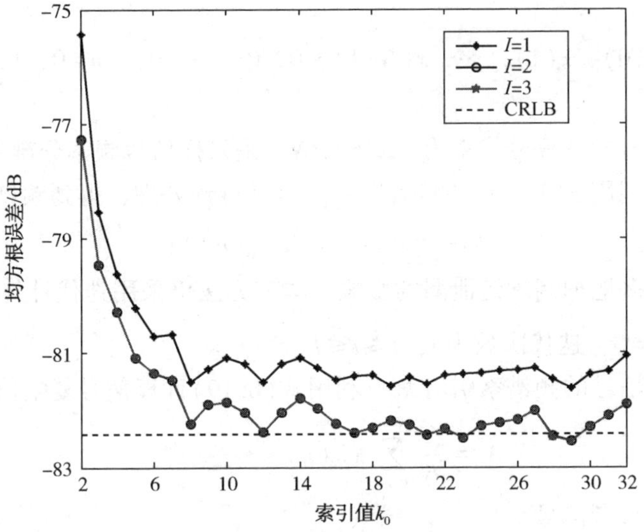

图 6.5 不同迭代次数下的频率测量结果

经由 1 次迭代计算，方法测量效果较差，迭代次数 $I\geqslant 2$ 时，方法测量精度得到了极大提升。在全频率变化范围内，2 次和 3 次迭代具有相当的测量精度。综合考虑方法的测量精度和实时性，后续验证均采用 2 次迭代计算。

6.3 实复相减策略的相位差测量方法

为抑制频谱泄漏的影响，提高信号相位差测量精度，特别是在低频或中高信噪比条件下相位差测量精度，基于实复转换式测量原理，介绍一种实复相减策略的相位差测量方法[161,162]。下面，分别从流程步骤、性能分析和计算验证三个方面对本方法进行介绍。

6.3.1 流程步骤

本方法的核心思想是：根据实复转换原理，通过实复相减策略，去除实信号中的负频率成分，将实信号转换成复信号，再对复信号进行频谱分析，同时经由迭代计算以尽可能多地抑制频谱泄漏的影响，得到精确的频率、幅值和初相位测量值，最后得到两路信号的相位差。

根据方法思想，本方法的实现流程可分为参数粗测量、构造参考信号、实复转换和参数精测量四个步骤。

(1) 参数粗测量

为了提高信号的计算分辨率，对第 1 路采样信号 $x(n)$ 补零一倍，得到补零信号。

$$x_{2N}(n)=\{x(0),\ x(1),\ \cdots,\ x(N-1),\ 0,\ 0,\ \cdots,\ 0\}\quad n=0,\ 1,\ \cdots,\ 2N-1 \tag{6.24}$$

则补零信号的计算分辨率为：$\omega_s'=\pi/N$，是采样信号频率分辨率的一倍。

补零后，利用 FFT 法对补零信号 $x_{2N}(n)$ 进行预处理，得到频谱索引值 k_0。

$$k_0=\underset{0\leqslant k\leqslant N-1}{\operatorname{argmax}}\left|FFT(x_{2N}(n))\right|^2 \tag{6.25}$$

为尽可能多地抑制频谱泄漏的影响，本节方法仍采用迭代计算。为此，设偏移量初值：$\hat{\delta}_0=0$，迭代次数为 i，$1\leqslant i\leqslant I$。

根据补零信号的频谱索引值 k_0，利用式(6.19)计算信号复幅值的粗测量值。

$$\hat{A}_i=\frac{2}{N}\sum_{n=0}^{N-1}x_{2N}(n)\ \mathrm{e}^{-j(\hat{k}_0+\hat{\delta}_{i-1})\omega_s'n} \tag{6.26}$$

(2) 构造参考信号

根据补零信号的频谱索引值和复幅值的粗测量值，构造只含有负频率成分的参考信号 $r_N'(n)$。

$$r_N^i(n)=A_i^*\ \mathrm{e}^{-j(k_0+\hat{\delta}_{i-1})\omega_s'n}\quad 0\leqslant n\leqslant N-1 \tag{6.27}$$

得到参考信号后，对参考信号补零一倍，得到补零参考信号。

$$r_{2N}^i(n)=\{r_N^i(0),\ r_N^i(1),\ \cdots,\ r_N^i(N-1),\ 0,\ 0,\ \cdots,\ 0\}\quad n=0,\ 1,\ \cdots,\ 2N-1 \tag{6.28}$$

(3) 实复转换

参考信号补零后，根据实复转换原理，通过实复相减策略，将补零采样信号与补零参考信号相减得到复信号，实现实复转换。

$$x_{2N}^i(n)=x_{2N}(n)-r_{2N}^i(n) \tag{6.29}$$

(4) 参数精测量

实现实复转换后，对复信号进行频谱分析，求取信号偏移量。

首先对复信号频谱进行三点插值，插值点为频谱索引值 k_0 处，以及索引值两边，插值间隔为 0.5，则插值点的频谱为：

$$X_0=\sum_{n=0}^{N-1}x_{2N}^i(n)\,\mathrm{e}^{-j(k_0+\hat{\delta}_{i-1})\omega'_s n}$$

$$=A\mathrm{e}^{j\frac{(\hat{\delta}_i-\hat{\delta}_{i-1})(N-1)\omega'_s}{2}}\frac{\sin\dfrac{(\hat{\delta}_i-\hat{\delta}_{i-1})\,\omega'_s N}{2}}{\sin\dfrac{(\hat{\delta}_i-\hat{\delta}_{i-1})\,\omega'_s}{2}}\tag{6.30}$$

$$X_{\pm0.5}=\sum_{n=0}^{N-1}x_{2N}^i(n)\,\mathrm{e}^{-j(k_0+\hat{\delta}_{i-1}\pm0.5)\omega'_s n}$$

$$=A\mathrm{e}^{j\frac{(\hat{\delta}_i-\hat{\delta}_{i-1}\mp0.5)(N-1)\omega'_s}{2}}\frac{\sin\dfrac{(\hat{\delta}_i-\hat{\delta}_{i-1})\,\omega'_s N}{2}}{\sin\dfrac{(\hat{\delta}_i-\hat{\delta}_{i-1}\mp0.5)\,\omega'_s}{2}}\tag{6.31}$$

得到插值点的频谱值后，利用下式对频谱值进行计算。

$$\frac{|X_{0.5}|}{|X_0|}=\frac{\dfrac{\sqrt{2}}{2}\left[1-\cot\dfrac{\pi(\hat{\delta}_i-\hat{\delta}_{i-1})}{2}\right]}{\cos\dfrac{\pi}{4N}-\sin\dfrac{\pi}{4N}\cot\dfrac{\pi(\hat{\delta}_i-\hat{\delta}_{i-1})}{2N}}\tag{6.32}$$

$$\frac{|X_0|}{|X_{-0.5}|}=\frac{\cos\dfrac{\pi}{4N}+\sin\dfrac{\pi}{4N}\cot\dfrac{\pi(\hat{\delta}_i-\hat{\delta}_{i-1})}{2N}}{\dfrac{\sqrt{2}}{2}\left[1-\cot\dfrac{\pi(\hat{\delta}_i-\hat{\delta}_{i-1})}{2}\right]}\tag{6.33}$$

联立式(6.32)和式(6.33)，并化简可得：

$$\tan\frac{\pi(\hat{\delta}_i-\hat{\delta}_{i-1})}{2}=\frac{\sqrt{2}\,|X_0|(|X_{0.5}|-|X_{-0.5}|)}{4|X_{0.5}||X_{-0.5}|\cos\dfrac{\pi}{4N}-\sqrt{2}\,|X_0|(|X_{0.5}|+|X_{-0.5}|)}\tag{6.34}$$

通过反正切计算，即可得到更加准确的偏移量测量值。

$$\hat{\delta}_i=\hat{\delta}_{i-1}+\frac{2}{\pi}\arctan\frac{\sqrt{2}\,|X_0|(|X_{0.5}|-|X_{-0.5}|)}{4|X_{0.5}||X_{-0.5}|\cos\dfrac{\pi}{4N}-\sqrt{2}\,|X_0|(|X_{0.5}|+|X_{-0.5}|)}\tag{6.35}$$

根据偏移量测量值，迭代计算式(6.26)~式(6.31)和式(6.35)，重新构造参考信号，减去更多的负频率成分，抑制频谱泄漏的影响，得到精确的偏移量和复幅值测量值。因此，利用式(6.36)和式(6.37)得到的信号频率、幅值和初相位测量值受频谱泄漏影响小，具有更高的测量精度。

$$\hat{\omega}=(k_0+\hat{\delta}_1)\omega_s' \tag{6.36}$$

$$\begin{cases}\hat{a}=2\,|\hat{A}_{l+1}|\\ \hat{\theta}_1=\angle\hat{A}_{l+1}\end{cases} \tag{6.37}$$

根据第1路信号的频率测量值 $\hat{\omega}$，结合式(6.26)求出第2路信号的粗略复幅值 $\hat{B}$，利用式(6.27)构造只含有负频率成分的参考信号，并将采样信号和参考信号相减，实现实复转换。再次利用式(6.26)求出不受负频率影响的复幅值 $\hat{B}$，利用式(6.37)求得第2路信号的初相位测量值 $\hat{\theta}_2$。最后，利用式(6.23)得到两路信号相位差。

综上所述，实复相减策略的相位差测量方法的计算流程如下：

1）利用式(6.24)对采样信号进行补零，并利用式(6.25)和式(6.26)对补零信号进行预处理，得到补零信号的频谱索引值与复幅值粗测量值；

2）利用式(6.27)生成只含有负频率成分的参考信号，并利用式(6.28)对参考信号进行补零；

3）利用式(6.29)将补零采样信号和参考信号相减，得到复信号，实现实复转换；

4）利用式(6.29)和式(6.31)对复信号频谱进行插值计算，利用式(6.35)对插值点频谱进行计算，得到较为精确的偏移量测量值，并迭代计算式(6.26)~式(6.31)和式(6.35)，得到精确的偏移量测量值，最后利用式(6.36)和式(6.37)得到精确的频率、幅值和初相位测量值。

5）利用第1路信号频率 $\hat{\omega}$、式(6.26)、式(6.27)和式(6.37)求得第2路信号的初相位测量值 $\hat{\theta}_2$，并利用式(6.23)得到信号相位差。

6.3.2 性能分析

本节方法采用了迭代计算，为说明方法的收敛情况，在不同迭代次数下以频率测量为例进行仿真验证。仿真时，设 $N=128$，$SNR=30\text{dB}$，频谱索引值从2以1为步长增加到32，偏移量 $\delta=0.2$，分别在迭代次数为1、2、3和4的条件下进行计算，结果如图6.6所示。

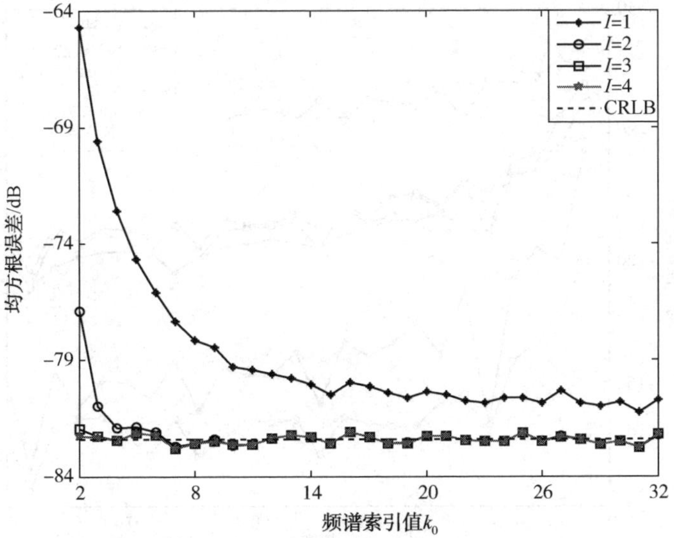

图 6.6　不同迭代次数下的频率测量结果

经由 1 次计算，算法测量效果较差。迭代 2 次时，算法测量精度得到了极大提升，但在低频时的测量精度不理想。在全频率范围内，3 次和 4 次迭代具有相当的测量精度，且在低频时的测量精度远高于 2 次迭代的测量精度，接近 CRLB。综合考虑算法的测量精度和实时性，本节方法采用 3 次迭代计算。

6.3.3　仿真实验

为验证本节方法的参数测量性能，在不同条件下进行计算验证，并与现有优秀方法进行比较分析。

不失一般性，仿真时，设信号幅度 $a=\sqrt{2}$，且无特别说明时，初相位在$(-\pi, \pi)$随机取值。为减少随机误差，每组实验分别进行 1000 次蒙特卡罗实验。

(1) 频率估计

为检验所提算法的频率估计精度，分别在无噪声、不同信噪比、不同信号频率以及不同信号长度条件下对本节算法、上述算法和 3.1 节算法以及 CRLB 进行仿真对比分析。

(a) 无噪声

为检验所提算法对频谱泄漏的抑制能力，在无噪声条件下进行仿真实验。仿真时，设 $N=128$，频率由 0.02π 以 0.02π 为步长增长到 0.5π，结果如图 6.7 所示。

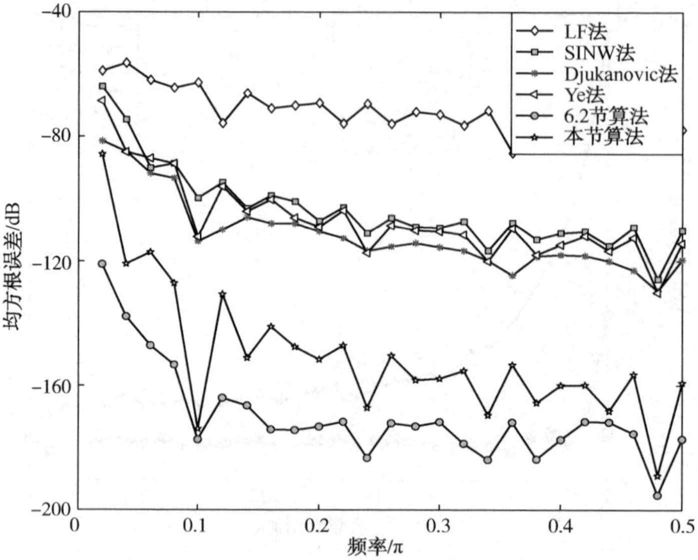

图 6.7　无噪声下的频率测量结果

由于 LF 法是针对复信号设计的参数估计算法，处理实信号时，完全受频谱泄漏的影响，其频率估计精度最低。Ye 法的频谱抑制能力强于 SINW 法，Djukanovic 法的频谱抑制能力强于 LF 法、SINW 法和 Ye 法。全频率范围内，本节算法具有不错的频谱泄漏抑制能力，远高于其他几种频域法，达到了算法的设计目的。与 6. 2 节算法相比，本节算法的频谱泄漏抑制能力差一些，但在有噪声干扰时，本节算法的参数估计性能更好，将在后续的实验中进行验证。

(b) 不同信噪比

为检验噪声对所提算法的影响，在不同信噪比条件下进行仿真实验。仿真时，设 $N=128$，索引值 $k_0=3$，偏移量 δ 在 $(-0.5, 0.5)$ 内随机取值，信噪比由 -10dB以步长 2dB 递增到 50dB，结果如图 6. 8 所示。

采样信号频率较低，频率估计精度受频谱泄漏影响严重。由于 LF 法没有频谱泄漏抑制能力，当信噪比高于 10dB 时，LF 法的估计效果逐渐趋于饱和，估计精度最差。SINW 法在低信噪比下的估计精度较好，但受所加余弦窗主瓣干涉的影响，与 CRLB 存在约 3. 3dB 的偏差，当信噪比高于 26dB 时，受频谱泄漏的影响，SINW 法的估计精度不再随信噪比增加而提高。Djukanovic 法在低信噪比下具有较高的估计精度，接近 CRLB，但当信噪比大于 24dB 时，其估计效果逐渐趋于饱和。Ye 法在低信噪比下具有很好的估计效果，优于其他几种算法，当信噪

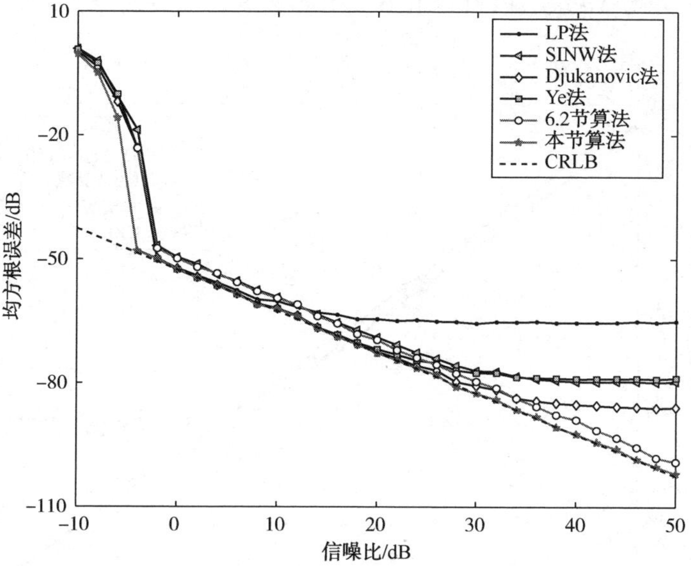

图 6.8　不同信噪比下的频率测量结果

比大于 18dB 时，其估计效果逐渐降低并趋于饱和。6.2 节算法抑制了频谱泄漏的影响，提高了中高信噪比条件下的参数估计精度，但在信号频率较低时的频率估计精度较低，存在估计偏差，与 CRLB 存在约 3.4dB 的估计偏差。本节所提算法不仅抑制了噪声的影响，也有效地抑制了频谱泄漏的影响，其频率估计效果最好，优于其他几种算法，最接近于 CRLB。

（2）幅值估计

为检验所提算法在不同信噪比条件的幅值估计性能，设 $k_0=3$，δ 随机取值，在信噪比由−5dB 以 2dB 为步长递增到 55dB 的条件下进行了仿真实验，并与 Djukanovic 法、Ye 法以及 6.2 节算法进行对比分析，如图 6.9 所示。

在中低信噪比条件下，Ye 法、Djukanovic 法与本节算法具有相当的估计精度，均接近 CRLB，随着信噪比的升高，算法的估计效果逐渐达到饱和，本节算法仍优于 Djukanovic 法和 Ye 法。在全信噪比变化范围内，6.2 节算法与 CRLB 存在约 2.1dB 的估计误差，在信噪比大于 35dB 后，信号频率估计精度受频谱泄漏的影响大于噪声的影响，6.2 节算法的估计效果优于本节算法，说明 6.2 节算法的频谱泄漏抑制能力略强于本节算法，与无噪声条件下的分析结果一致。

（3）初相位估计

为检验所提算法在不同信噪比条件的初相位估计性能，设 $k_0=3$，δ 随机取值，初相位 $\theta=\pi/6$，在信噪比由−5dB 以 2dB 为步长增加到 55dB 的条件下进行了仿真实验，并与 Ye 法、PFM 法和 6.2 节算法进行了对比分析，结果如图 6.10 所示。

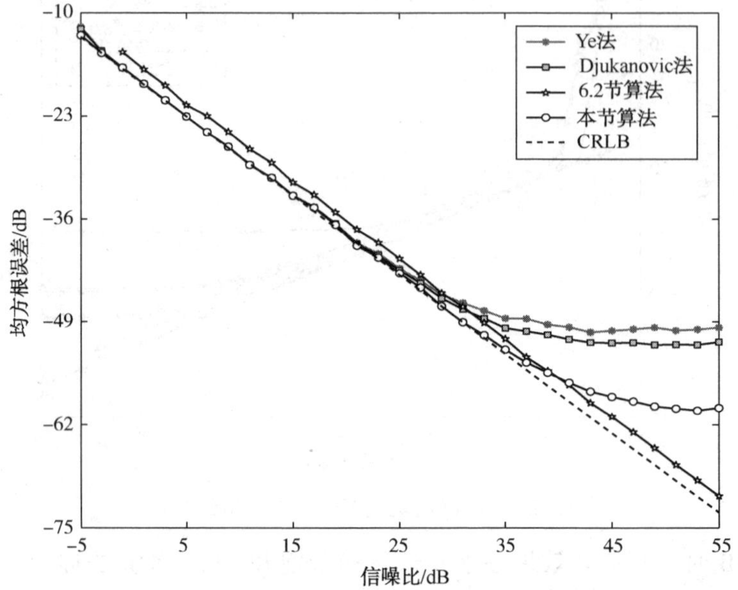

图 6.9　不同信噪比下的幅值测量结果

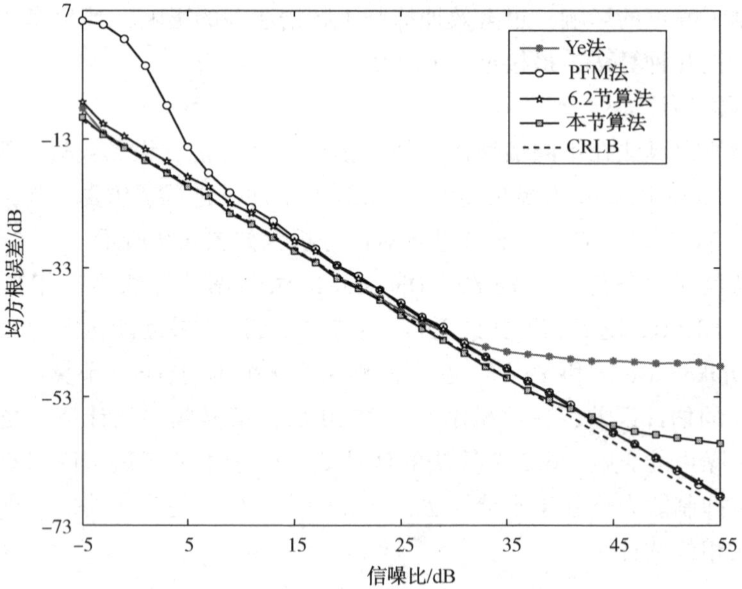

图 6.10　不同信噪比下的初相位测量结果

在中低信噪比条件下，频域法的估计精度均高于时域法 PFM 法，Ye 法和本节算法具有相当的估计精度，更接近 CRLB，随着信噪比升高，二者的估计效果逐渐达到饱和，本节算法优于 Ye 法。在全信噪比变化范围内，6.2 节算法与 CRLB 存在约 1.7dB 的估计偏差，但在高信噪比下，优于本节算法，具有更强的频谱泄漏抑制能力。

(4) 相位差估计

(a) 不同信噪比

为检验噪声对所提算法的影响，在不同信噪比的条件下进行仿真实验。仿真时，设 $N=64$，$k_0=3$，δ 随机取值，$\theta_1=\pi/6$、$\theta_2=\pi/3$，信噪比由-5dB 以 2dB 为步长增加到 55dB，结果如图 6.11 所示。

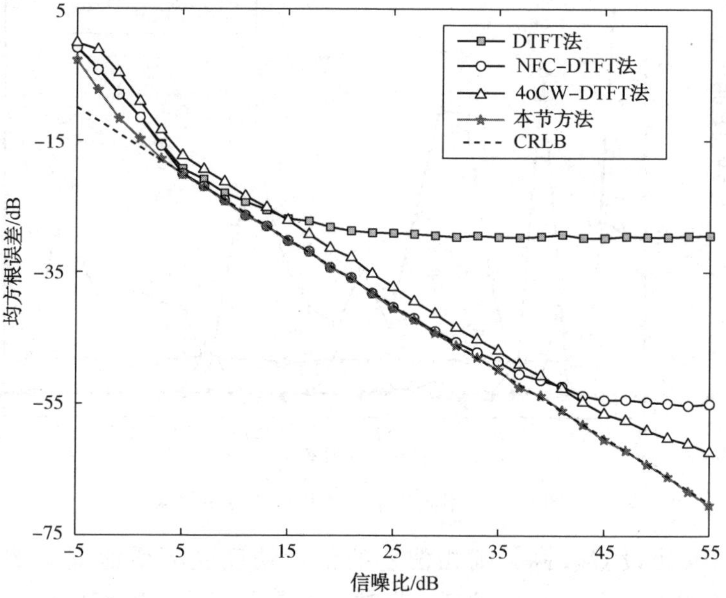

图 6.11　不同信噪比下的相位差测量结果

DTFT 法受频谱泄漏影响严重，相位差估计精度较差，当信噪比高于 20dB 时，其估计精度达到饱和。NFC-DTFT 法在低信噪比下的相位差估计精度较好，估计结果靠近 CRLB，当信噪比高于 25dB 时，受频谱泄漏的影响，其估计精度逐渐降低并趋于饱和。4oCW-DTFT 法通过加 4 阶卷积窗进一步抑制了频谱泄漏的影响，提高了中等信噪比下的相位差估计精度，当信噪比高于 45dB 以后，其估计精度呈下降趋势。由于信号频率设置较低，4oCW-DTFT 法使用的 4 阶卷积窗容易发生主瓣干涉，使得 4oCW-DTFT 法的相位差估计结果存在偏差，与 CRLB

相差约 3.2dB。在不同信噪比条件下，本节算法均有良好的估计性能，优于其他几种方法，抑制了频谱泄漏的影响，提高了中高信噪比条件下的相位差估计精度，使得相位差估计值的均方误差接近 CRLB，且具有更好的抗噪性。

(b) 不同信号频率

为说明所提算法在不同频率条件下的相位差估计性能，设 $N=64$，$SNR=40\text{dB}$、$\theta_1=\pi/6$、$\theta_2=\pi/3$，在信号频率由 0.02π 以步长 0.02π 递增到 0.5π 的条件下进行了仿真实验，结果如图 6.12 所示。

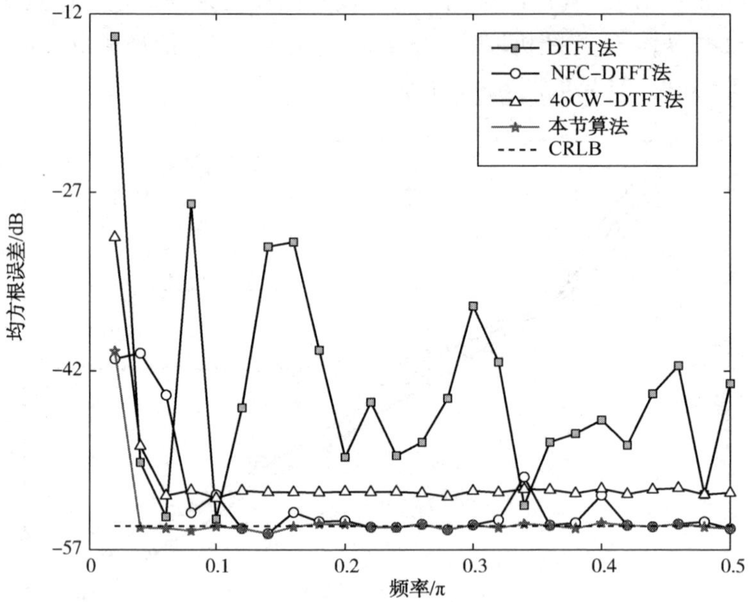

图 6.12　不同频率下的相位差测量结果

由于信噪比设置较高，则相位差的估计精度受频谱泄漏影响更加严重。DTFT 法受的相位差估计精度较低，呈波动状态。当信号频率较低、小于 0.12π 时，NFC-DTFT 法的估计精度随着信号频率升高、频谱泄漏降低而逐渐得到提高，当信号频率高于 0.12π 时，频谱泄漏减少，NFC-DTFT 法具有好的估计性能。在全频率范围内，4oCW-DTFT 法均具有相当的估计精度，由于信号长度较短，加窗处理后，损失了信号能量，导致相位差估计结果与 CRLB 存在约 2.7dB 的估计偏差。在不同频率下，本节算法的估计性能均优于 DTFT 法、NFC-DTFT 法以及 4oCW-DTFT 法。特别地，当信号频率较低、频谱泄漏严重时，本节算法的优势更加明显，说明本节算法抑制了频谱泄漏的影响，提高了相位差的估计精度。

仿真实验结果表明，本节算法通过实复转换有效地抑制了频谱泄漏的影响，提高了参数测量精度，特别是低频和中高信噪比条件下的相位差测量精度，优于DTFT法、NFC-DTFT法和4oCW-DTFT法，达到了方法设计目的。

6.4 小结

为抑制频谱泄漏的影响，根据实复转换式测量原理，本章介绍了两种实复转换式相位差测量方法。为提高中高信噪比下的参数测量精度，介绍了基于解析解的相位差测量方法，阐述了流程步骤，完成了性能分析，并与现有的优秀方法进行了计算验证。为进一步提高信号频率较低时的参数测量精度，介绍了实复相减策略的相位差测量方法，分别从流程步骤、性能分析和计算验证三个方面对方法进行了介绍。

研究表明有如下结论：

(1) 计算结果表明，6.2节方法有效抑制了频率泄漏的影响，提高了中高信噪比下的参数测量精度，但在低频时测量精度仍较低。

(2) 计算结果表明，6.3节方法有效地抑制了频谱泄漏的影响，提高了参数测量精度，特别是在低频和中高信噪比条件时的参数测量精度，优于现有的先进算法。与基于解析解的相位差测量方法相比，实复相减策略的相位差测量方法在信号频率较低且处在中高信噪比条件下的参数测量精度略低，在其他条件下的参数测量精度更优。

7 相位差测量方法的工程应用

前述章节分别从时域和频域两方面探讨了相关法、相频匹配法、DTFT 法、FFT 法和实复转换式的相位差测量方法，为进一步测试本书所述相位差测量方法的实际贡献，本章利用课题组研制的科氏流量计实验平台进行了应用验证。首先，简要介绍了实验环境及方案；接着，分析了实际采集的科氏流量计信号；然后，重点对本书所述典型方法和以往方法进行了应用对比分析，并分别就仿真测试、离线测试进行了详细的对比说明。

7.1 实验环境及测量方案

7.1.1 实验环境

为验证相位差估计方法的有效性，课题组研制了科氏流量计变送器和实验平台。

(1) 科氏流量计变送器

根据实验需求，课题组研制了科氏流量计变送器。根据功能需求，将变送器划分为以下 8 个模块：运算控制模块、拾振信号调理模块、驱动模块、存储模块、模拟量输出模块、通信模块、人机交互模块及电源管理模块，如图 7.1 所示。对各模块的功能介绍如下：

拾振信号调理模块对拾振信号进行调理，即放大、滤波、采样和 A/D 转换，并将调理后的信号送入运算控制模块。运算控制模块对系统进行初始化，向其他模块发出指令，响应其他模块的请求，根据算法计算质量流量、体积流量和密度等参数，并合成数字驱动信号。驱动模块将运算控制模块合成的数字驱动信号转换为模拟驱动信号，以驱动激振单元。存储模块负责保存程序和数据。人机交互模块负责与用户进行现场交流，用户可以选择菜单，输入参数，实时观察运算结果。模拟量输出模块将运算控制模块的计算结果转换为频率和电流信号，供控制器或其他智能仪表使用。通信模块与控制室 PC 通信，实时上传测量数据，接收控制人员的指令。电源管理模块通过整流、滤波和稳压等措施，将市电转换为系统需要的各种直流电平。

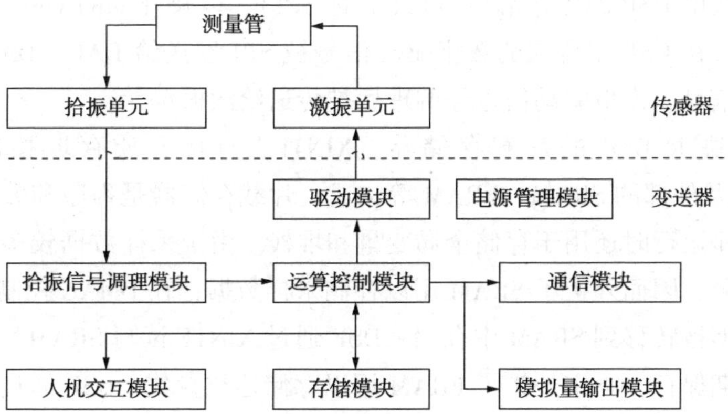

图 7.1　功能模块

变送器硬件的总体结构如图 7.2 所示，箭头代表了数据流动的方向。

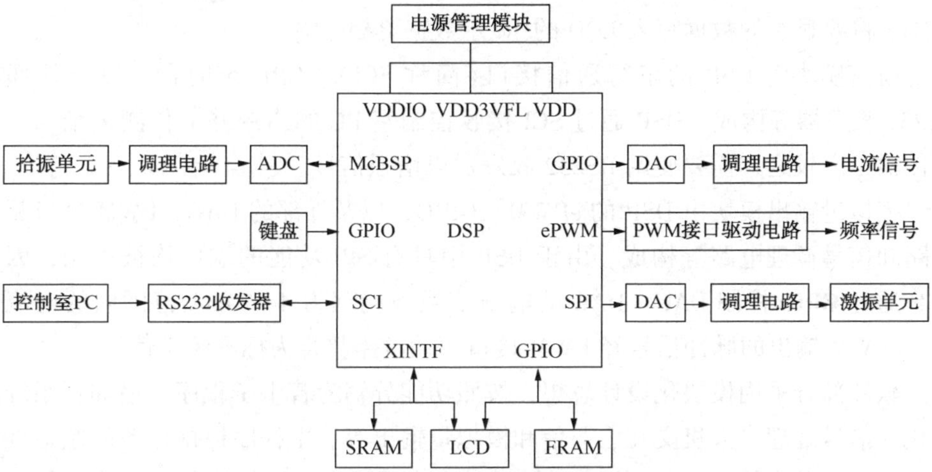

图 7.2　硬件结构

运算控制模块由 DSP 的 CPU、FPU、CPU 定时器、JTAG 接口，以及外部的电压监控器等构成。CPU+FPU 负责执行程序；电压监控器对 DSP 的供电以及程序运行情况进行监督；CPU 定时器提醒 DSP 按时“喂狗”；JTAG 接口方便用户下载、调试程序，定位故障。

拾振信号调理模块由 DSP 的 McBSP，以及外部的放大电路、滤波电路和 ADC 等构成。因 DSP 片载 ADC 的精度不满足要求，本文采用 2 个精度更高的

ADC对2路信号进行采样和转换，转换后的数据通过同步串口通信方式传输到DSP的McBSP中。

驱动模块由DSP的串行端口接口(简称SPI)，以及外部的DAC和信号调理电路等构成。在DSP中合成的数字驱动信号被SPI发送给DAC，DAC将其转换为模拟驱动信号，模拟驱动信号经调理后被传送给激振单元。

存储模块由DSP的片载存储器、XINTF、直接介质存取控制器(简称DMAC)，以及外部的SRAM、FRAM等构成。片载存储器是程序和数学库的存储空间，在程序运行时还用于存储全局变量和堆栈。由于采样数据较多，而片载存储器容量有限，因而外扩了SRAM用以存储采样数据；在DMAC控制下，McBSP中的采样数据被转移到SRAM中存储；DSP通过XINTF读写SRAM。考虑到一些参数需要长期保存，本文外扩了FRAM用以存储这类参数，DSP通过通用输入输出端口(简称GPIO)对其进行读写。

人机交互模块由DSP的GPIO、XINTF，以及外部的键盘和LCD等构成。键盘通过GPIO向DSP输入信号；DSP通过GPIO向LCD发出控制信号，并通过XINTF将要显示的数据写入LCD的“显示数据RAM”中。

通信模块由DSP的串行通信接口(简称SCI)、CPU定时器，以及外部的RS232收发器等构成。DSP通过SCI接收控制室PC的指令并上传测量结果，由于传输距离较远，需要使用RS232收发器以增强信号。

模拟量输出模块由DSP的ePWM、GPIO，以及外部的DAC、PWM接口驱动电路和信号调理电路等构成。由于DSP中具有SPI功能的端口均被占用，因而DSP通过GPIO控制DAC；DAC的输出信号被调理为4~20mA范围内的电流信号。ePWM输出的脉冲信号经PWM接口驱动电路整合为标准频率信号。

软件部分采用模块化设计思想，按照功能分解为若干子程序，诸如：系统初始化、信号处理、人机交互、通信和模拟量输出等。主程序根据任务的紧迫性调用子程序，首先保障“时间关键”任务(诸如信号处理等)的执行，在这些任务无法执行的空闲时间合理安插“非时间关键”的任务(诸如系统初始化、人机交互、通信和模拟量输出等)。总体流程如图7.3所示。

上电后，系统首先经历初始化过程。初始化完成后，ADC被启动，采集到的拾振信号数据不断被存储到SRAM中。当SRAM中存储了足量数据后，DSP判断数据是否正常，如果毛刺超过一定比例，认为这批数据污染较严重，不参与后续运算，否则将毛刺削平，这就是数据预处理过程。随后，DSP调用算法计算待测参数。每组计算完成后，变送器将数据及时发送到控制室PC，并根据控制室的指令执行相应操作。接着，DSP 刷新 LCD，并扫描键盘是否有输入，若有输入，DSP 执行相应操作。最后，变送器以频率和电流的形式将测量值输出。

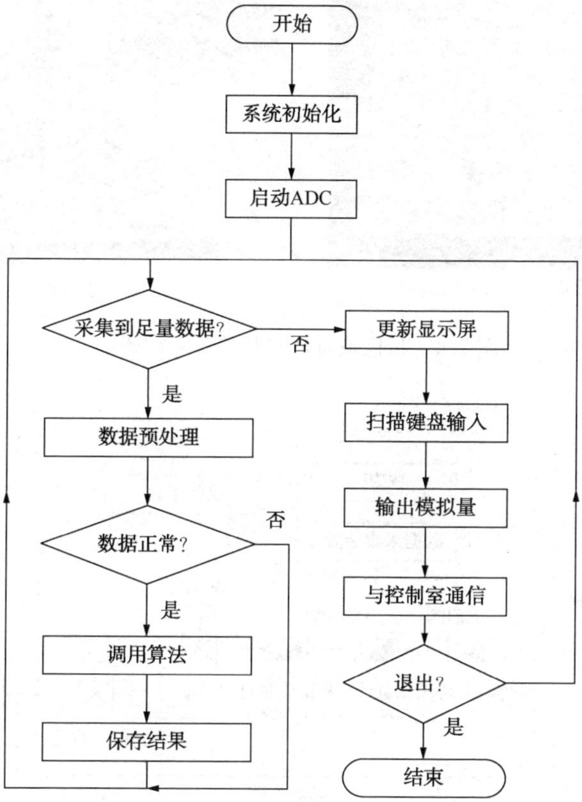

图 7.3　软件总体流程

(2) 科氏流量计实验平台

在研制科氏流量计变送器的基础上，搭建了科氏流量计实验平台，如图 7.4 所示，实验流程如图 7.5 所示。

实验平台主要包括管道和数据采集两部分。其中，管道部分主要有：罗斯蒙特 F200S 型流量计(进口 CMF)、TQ-884 型流量计(国产 CMF)、阀门、水箱、电子秤(FS3198-A2)等；数据采集部分主要有：PLC、PC 机、数据采集器(研华 USB4711 和 UBS9234)、数据采集与监控终端等。

实验时，采用 PLC 控制单向阀，以实时调整管道内流体的流速，通过数据采集装置分别采集 2 台流量计的传感器信号和变送器信号，流体的质量流量(累积流量)通过电子秤测量水箱的质量得到。

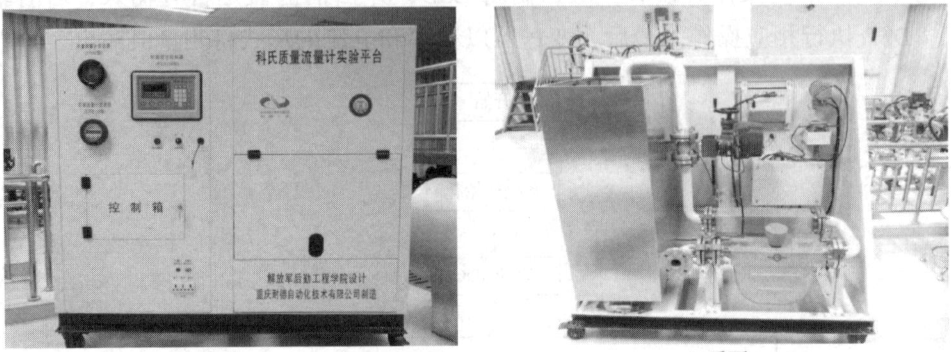

(a)正面　　(b)反面

图 7.4　科氏流量计实验平台实物图

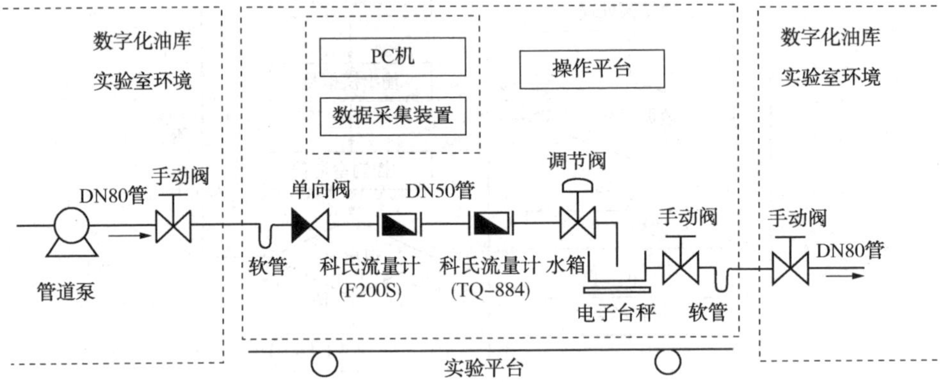

图 7.5　科氏流量计实验平台流程图

7.1.2　实验方案

总体方案：

首先，采用仿真测试的方式对本书所述方法和以往方法进行对比分析，以为离散测试的实现提供理论基础，仿真测试在 MATLAB 环境中进行。其次，采用离线测试的方式对本书所述方法和以往方法进行对比分析，以为实现从仿真测试到在线测试的过渡提供桥梁，进而打下坚实基础，离线测试也在 MATLAB 环境中进行。离线测试与仿真测试的区别在于：离线测试的数据是由科氏流量计实验平台实际采集的实验数据，而仿真测试的数据是由计算机模拟产生的。

数据采集方案：

图 7.6 所示为科氏流量计实验平台的数据采集装置图。由图 7.6 可以看出，采集装置是以 PC 机为中心，通过数据采集与监控终端进行控制。其中，共有 9 路信号，分别为：2 台变送器的瞬时流量、2 台变送器的累积流量、2 台流量计的传感器输出信号(每台流量计有 2 路信号)、电子秤的累积流量。

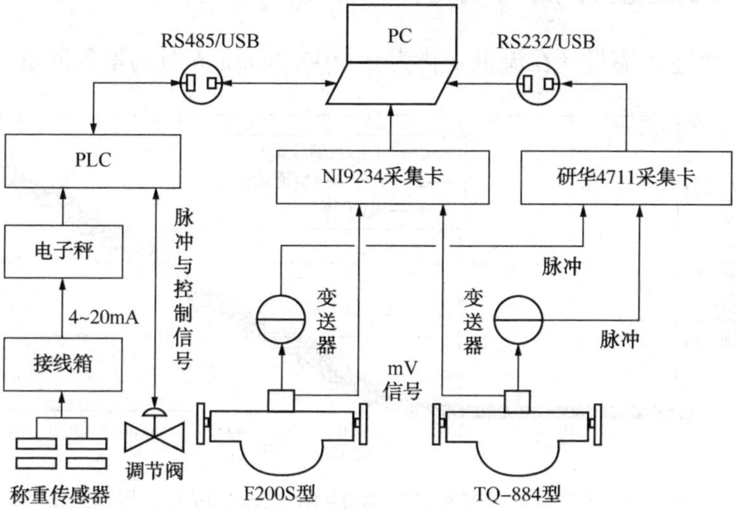

图 7.6　数据采集装置图

为考察在不同流量情况下本书所述方法的实际性能，通过 PLC 控制调节阀的开度，可采集不同流量情况下的流量信号。主要实施步骤如下：

(1) 连接好管道、数据线、电源线，关闭水箱的排水阀。

(2) 对 2 台流量计的变送器进行调零。

(3) 打开数据采集与监控终端的配置界面，配置各端口的参数，并对实验结果的保存路径进行设置。其中，采集得到的数据是以 .txt 的格式自动保存在预先设置好的路径文件里。

(4) 数据采集与监控终端的主界面，可选择手动或定时的采集方式。其中，采集的时间和阀门开度可以分别进行设定。国产 CMF 是指 TQ-884 型流量计，进口 CMF 是指 F200S 型流量计。

(5) 接通管道泵电源进行供水，调节阀门开度，待流量平稳后，可点击开始采集按钮采集不同平稳流量状态下的流量信号，点击结束采集按钮停止采集。需要指出的是，在数据采集过程中，可任意调整阀门开度来控制流量的大小，以模拟工业现场中各种缓变、突变等非平稳流量状态下的流量信号。

(6) 关闭阀门，对采集得到的数据进行检测。若采集数据出现异常，则需排查情况并重新采集数据；若采集数据正常，则数据采集实验结束。

(7) 断开管道泵电源，断开电源线、数据线。

(8) 打开水箱的排水阀，排空水箱内的水后再关闭排水阀，整理实验平台。

7.2 科氏流量计信号分析

图 7.7 阐述了流量计在流量变化为 0~105.2kg/min 时的累积流量。

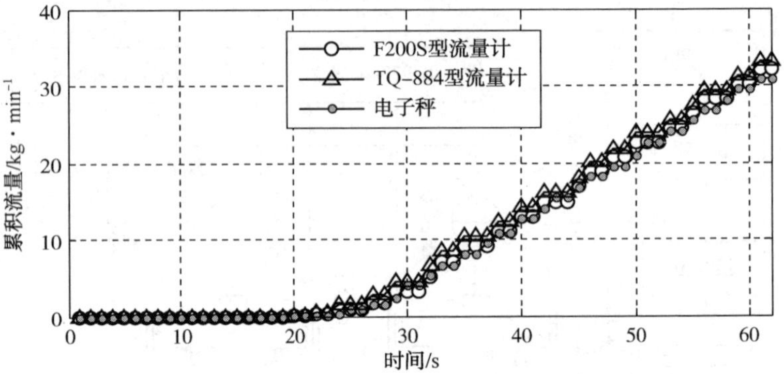

图 7.7 流量计在非平稳流量为 0~105.2kg/min 时的累积流量

可以看出，与国产 TQ-884 型流量计相比，进口 F200S 型流量计的各方面性能更优。为此，选择进口 F200S 型流量计为研究对象，并对其流量信号进行了分析，在此基础上，探讨所述相位差测量方法的实际贡献。

图 7.8 阐述了进口 F200S 型流量计在平稳流量为 98.7kg/min 时采集到的两路传感器输出信号，图 7.9 和图 7.10 分别为该信号的频谱图。由图 7.8~图 7.10 可以看出，两路信号为单频正弦信号，频率和幅值存在较小变化，相位差较小，可视流量信号为时变信号。频谱分析中，科氏流量计信号可视为低频信号，因信号频谱之间存在干扰，当采样点数较小时，负频率成分的影响较为严重，为此，从时域方面出发，研究基于相关的相位差测量方法，以打破传统相关算法不能实时跟踪动态相位变化的限制；从频域方面出发，研究基于 DTFT 和实复转换式信号相位差测量方法，以提高相位差测量精度，均具有十分重要的意义。通过对采样信号进行信噪比分析，得知流量信号的信噪比约为 27dB，满足前文所述方法的仿真条件[163]。因此，可以利用所述方法来处理科氏流量计信号。

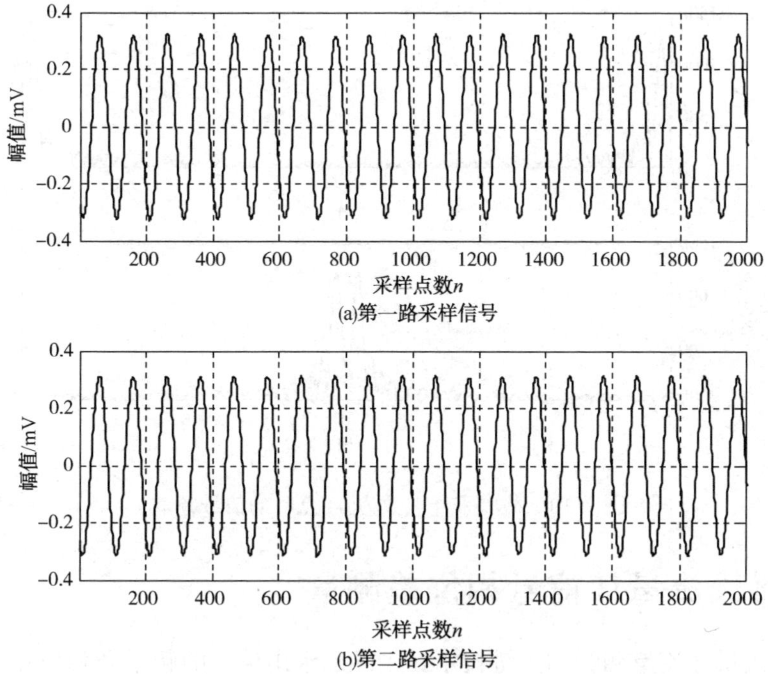

图 7.8　进口 F200S 型流量计在平稳流量为 98.7kg/min 时的信号波形

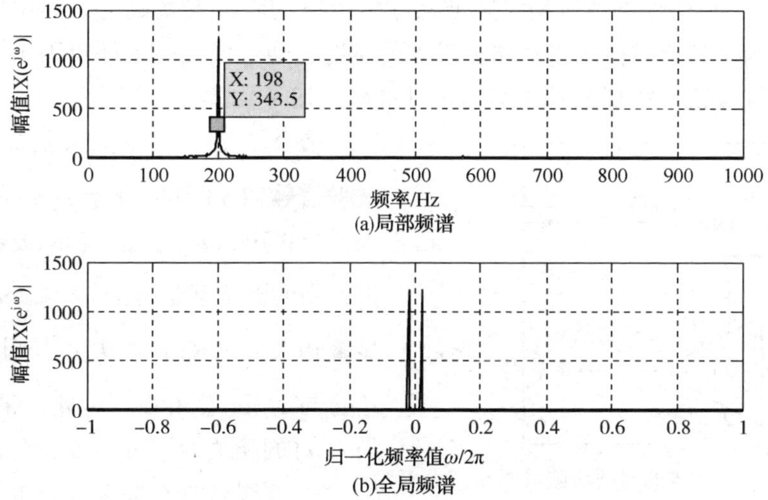

图 7.9　进口 F200S 型流量计在平稳流量为 98.7kg/min 时的信号频谱

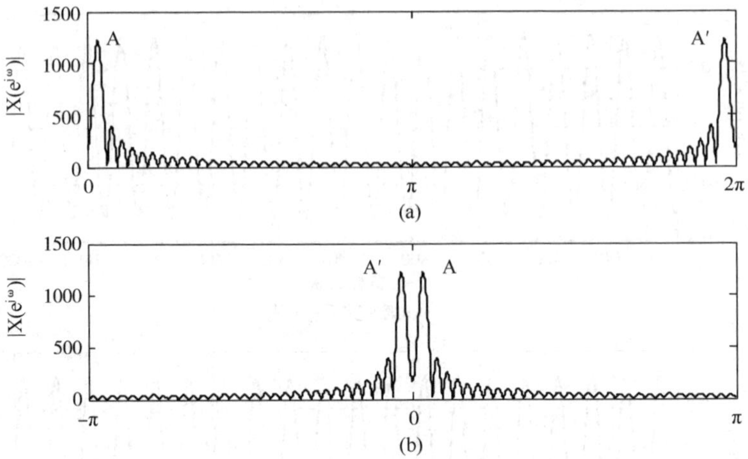

图 7.10　截取采样点数为 64 点时的信号频谱

7.3　科氏流量计信号相位差测量

科氏流量计流量测量的关键技术在于准确求出信号的频率和相位差。本书重点探讨相位差测量方法，频率估计方法均采用文献[133]所述的改进格型陷波频率估计方法，以便于本书中各种相位差测量方法的性能比较。

文献[133]所述的改进格型陷波器在传统格型陷波器基础上，利用反馈控制原理，克服了其长时持续跟踪精度较差的难题，通过设置一个评价因子来实时监测调整陷波参数，实现信号频率的长时跟踪，其简要算法如下。

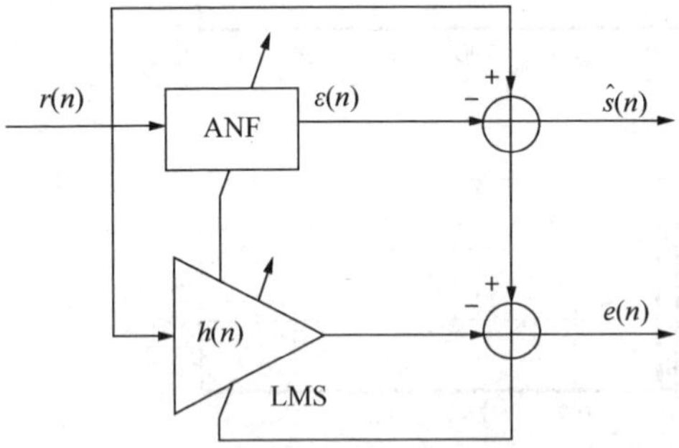

图 7.11　改进的自适应陷波器结构

结合图 7.11，由陷波器原理可知，增强信号 $\hat{s}(n)$ 不依赖于 $r(n)$ 的前期输入，与噪声 $z(n)$ 无关。若陷波器正常工作，则滤波增强信号 $\hat{s}(n)\approx s(n)$ 与 $r(n)$ 显著相关；若陷波器失效，则 $\hat{s}(n)\approx z(n)$ 与 $r(n)$ 不相关。为此，根据 $\hat{s}(n)$ 与 $r(n)$ 的相关性，可设置一个评价因子 $h(n)$ 来检测陷波器是否有效跟踪信号频率，改进陷波器的结构如图 7.11 所示。

$h(n)$ 可由 LMS 算法计算得到，结合图 7.11 可得：

$$\begin{cases}\varepsilon(n)=\hat{s}(n)-h(n)r(n)\\ h(n)=h(n-1)+\mu_h\varepsilon(n)r(n)\end{cases} \tag{7.1}$$

式(7.1)中，μ_h 是步长，h 推导过程如下：

$$\begin{aligned}&h\cdot E[r^2(n)]=E[r(n)\hat{s}(n)]\\ \Leftrightarrow &h\cdot E\{[s(n)+e(n)]^2\}=E\{[s(n)+e(n)]\hat{s}(n)\}\\ \Leftrightarrow &h\cdot\{E[s^2(n)]+E[e^2(n)]\}=\\ &E[s(n)\hat{s}(n)]+E[e(n)]E[\hat{s}(n)]\\ \Leftrightarrow &h=\frac{E[s(n)\hat{s}(n)]}{A^2/2+\sigma_e^2}\end{aligned} \tag{7.2}$$

由于存在：

$E[s(n)e(n)]=0$，$E[e(n)]=0$，$E[e^2(n)]=\sigma_e^2$，$E[s^2(n)]=A^2/2$。

若陷波器正常工作，则 $\hat{s}(n)\approx s(n)$，h 可得：

$$h=\frac{A^2/2}{A^2/2+\sigma_e^2}=\frac{A^2}{A^2+2\sigma_e^2} \tag{7.3}$$

若陷波器失效，则 $\hat{s}(n)$ 与 $s(n)$ 不相关，$E[s(n)\hat{s}(n)]\approx 0$，则 $h\approx 0$。因此，可通过检测 $h(n)$ 的值来判断陷波器是否有效跟踪信号频率。若 $h(n)$ 高于设定值 T_h，则说明陷波频率有效跟踪信号频率，陷波器工作正常；若 $h(n)$ 低于设定值 T_h，则说明陷波频率偏离信号频率，陷波器失效，此时需对陷波器参数进行调整，即通过增加带宽来恢复其自适应能力。改进后的格型陷波器实现流程如图 7.12所示。

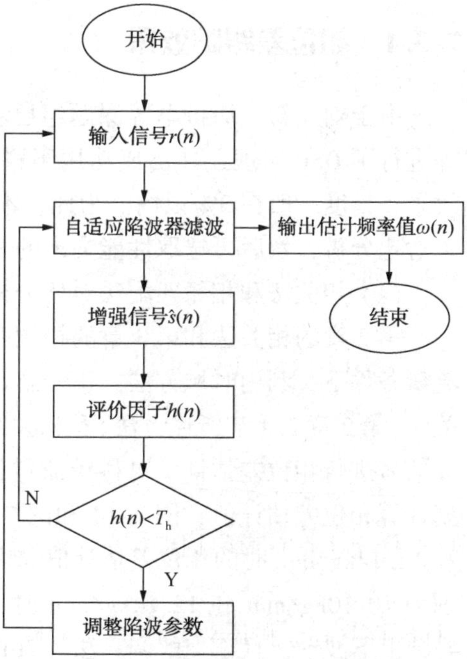

图 7.12　改进格型陷波器的流程图

图 7.13 所示为格型陷波器改进前后的频率估计图。从图中可以看出，改进格型陷波器克服了原格型陷波器长时持续跟踪频率估计精度较差的问题，均保

持有较好的滤波效果和较高的频率估计精度。

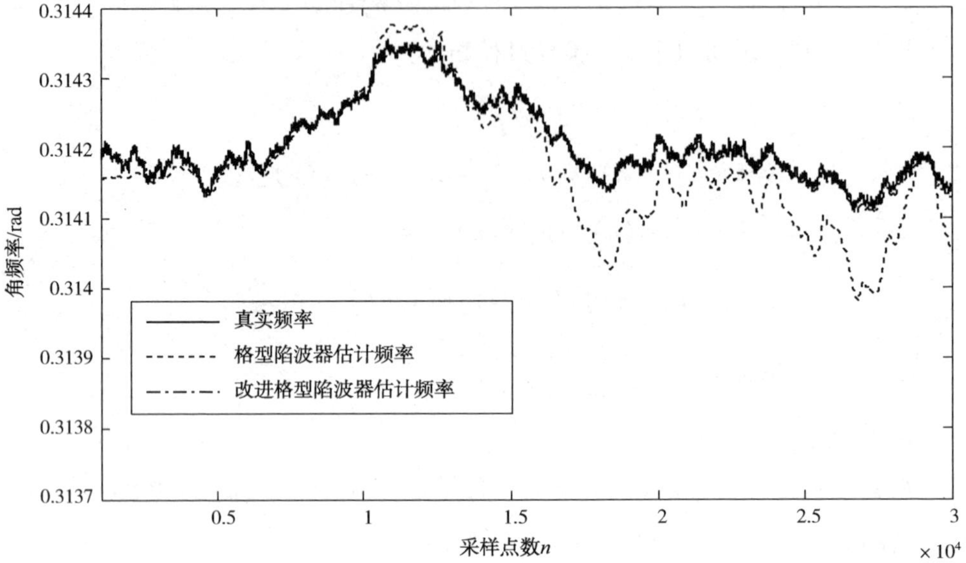

图 7. 13　真实频率与估计频率的比较

7. 3. 1　相位差跟踪效果

由于刘凤新、徐科军等课题组已将滑动 Goertzel 算法(SGA 法)、DTFT 算法等进行了 DSP 实现，并已成功用于科氏流量计的现场实验，取得了较好的测量效果，精度一般在 3‰以内。为此，本节首先对前述章节所阐述的主要方法进行了对比分析，然后再选取性能突出的相位差测量方法进行对比实验。

(1) 相关法和相频匹配法对比分析

第 2 章的相关法和第 3 章的相频匹配法均属于时域方法。为此，在不同质量流量条件下，利用时域方法：正交解调算法(DQD)、Hilbert 变换算法(HT)、相关法(第 2 章 2. 4 节所述方法)和相频匹配法(第 3 章 3. 4 节所述方法)对科氏流量计信号进行相位差估计。对科氏流量计信号进行处理时，每次用 1000 点采样数据计算相位差估计值，图 7. 14 和图 7. 15 分别给出了流量显示值为 10. 10kg/min 和 12. 14kg/min 时的相位差估计值。由图 7. 14 和图 7. 15 可知，在流量显示值分别为 10. 10kg/min 和 12. 14kg/min 时，四种算法的相位差估计值分别在 3. 8°和 4. 6°上下波动，且正交解调算法和 Hilbert 变换算法相位差估计值的波动范围大于相关法和相频匹配法相位差估计值的波动范围。Hilbert 变换算法、正交解调算法、相关法和相频匹配法相位差估计值的均方根误差分别为 0.054°、0.058°、0.051°和 0.051°。从图中可以得出，四种方法的跟踪曲线趋势是一致的，说明四种方法在实际应用中均是有效可行的，相关法和相频匹配法的相位差测量精度相当，性能略优于正交解调算法和 Hilbert 变换算法。

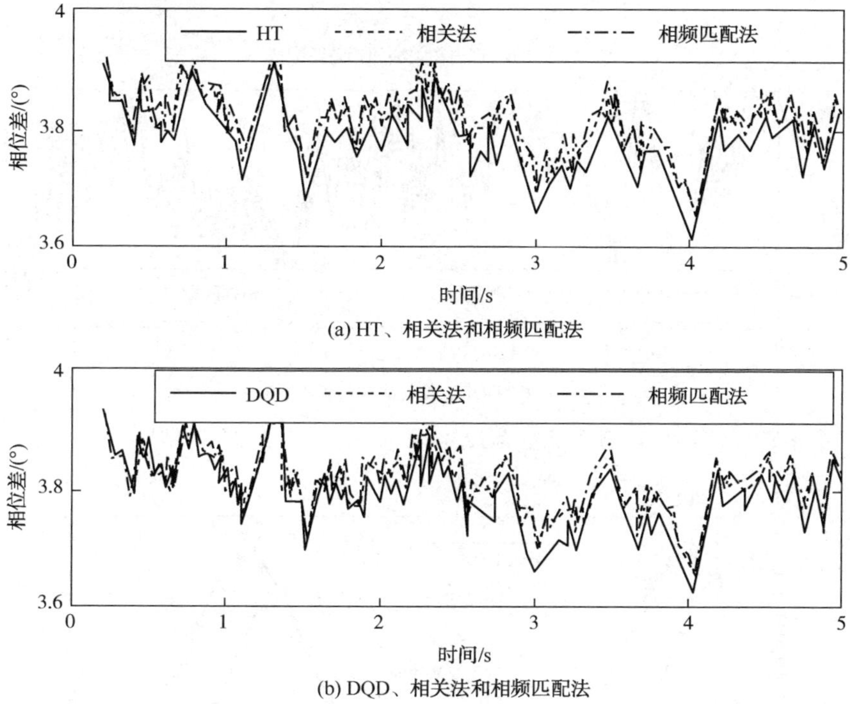

图 7.14　质量流量为 10.10kg/min 时的相位差估计结果

（2）FFT 法与 DTFT 法对比分析

第 4 章的 DTFT 法和第 5 章的 FFT 法均属于频域方法。图 7.16 所示为在无噪声背景下，针对信号频率很低的情况，分别采用 FFT 法和 DTFT 法，通过 MATLAB 仿真得到的相位差测量相对误差随信号频率的变化曲线。图 7.17 所示为在无噪声背景下，针对信号频率接近 Nyquist 频率的情况，通过 MATLAB 仿真得到的相位差测量相对误差随信号频率的变化曲线。两种方法对比可以看出，加矩形窗时，DTFT 法明显优于 FFT 法；加汉宁窗时，两种方法的测量误差基本相当，均接近双精度运算的下限。

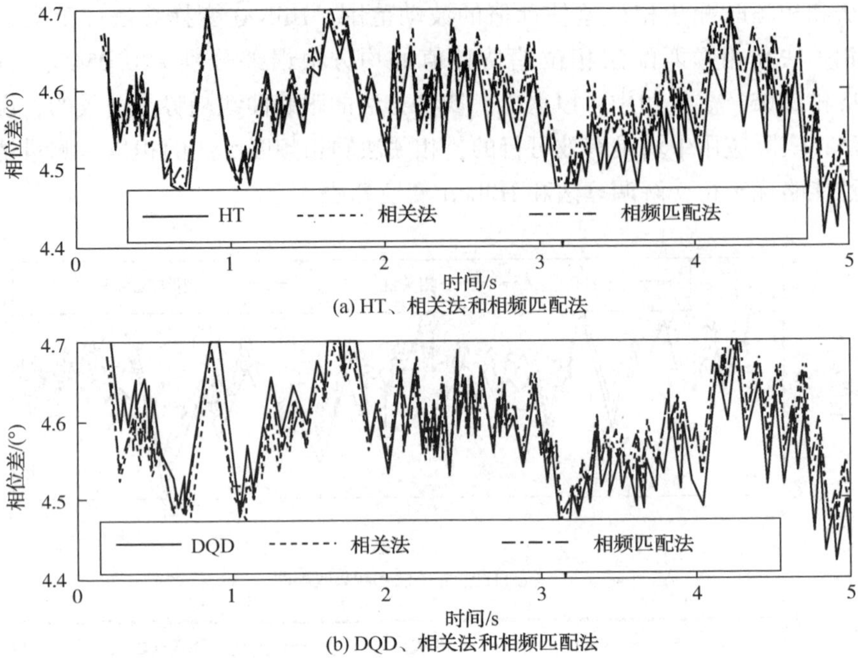

图 7.15　质量流量为 12.14kg/min 时的相位差估计结果

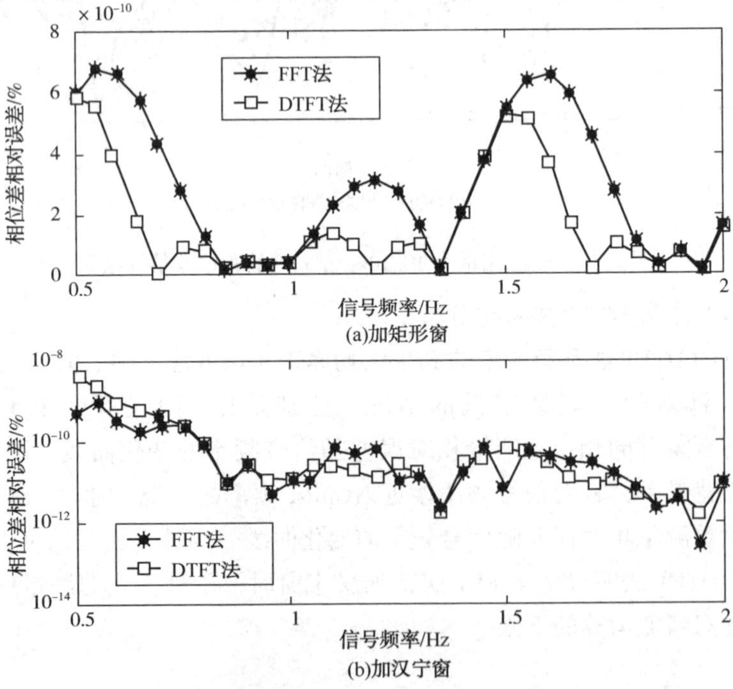

图 7.16　无噪声背景下的相位差测量相对误差(信号频率很低时)

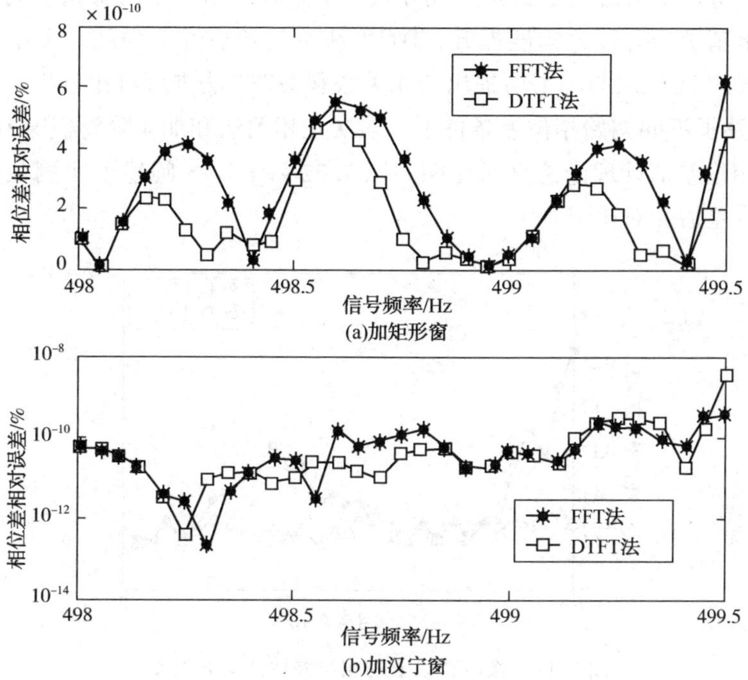

图 7.17 无噪声背景下的相位差测量相对误差

（信号频率接近 Nyquist 频率时）

图 7.18 所示为当信噪比 $SNR=20\text{dB}$ 时，针对信号频率很低的情况，两种方法均采用计及负频率加矩形窗，经 100 次独立仿真得到的相位差估计均方误差随信号频率的变化曲线。图 7.19 所示为当信噪比 $SNR=20\text{dB}$ 时，针对信号频率接近 Nyquist 频率的情况，经 100 次独立仿真得到的相位差估计均方误差随信号频率的变化曲线。从图中可以看出，DTFT 法明显优于 FFT 法，尤其是当频谱泄漏误差较大时（对应信号频率位于 0.5Hz、1.5Hz、498.5Hz 和 499.5Hz 附近），从而验证了 DTFT 法对降低频谱泄漏影响的贡献。计及负频率的 FFT 法和 DTFT 法均提高了原有算法的相位差测量精度，有效抑制了频谱泄漏的影响；在不靠近频谱两端时的估计精度相当，但频率很低时或接近 Nyquist 频率时，DTFT 法的相位差测量精度要优于 FFT 法。

（3）相关法和 DTFT 法对比分析

前述章节首先从时域方面进行了相关法和相频匹配法的对比分析，从根本上解决了相关法受非整周期采样影响相位差测量精度的难题，两种方法测量精度相当，均能有效地运用于工程实践。其次，在频域方面进行了 FFT 法和 DTFT 法的对比分析，从根本上解决了负频率成分频谱干涉影响相位差测量精度的难题，两种方法测量精度均有较大幅度提升，DTFT 法更具普适性。为此，本小节将运用于工程实践的 SGA 法与本书所提出的相关法和 DTFT 法进行对比分析。图 7.20~图 7.21 阐述了不同初始相位差条件下，多次互相关法和加 4 阶卷积窗 DTFT 法与 SGA 法的相位差估计理论仿真对比图。图 7.22~图 7.23 阐述了实测数据离线情况下的相位差估计对比图。

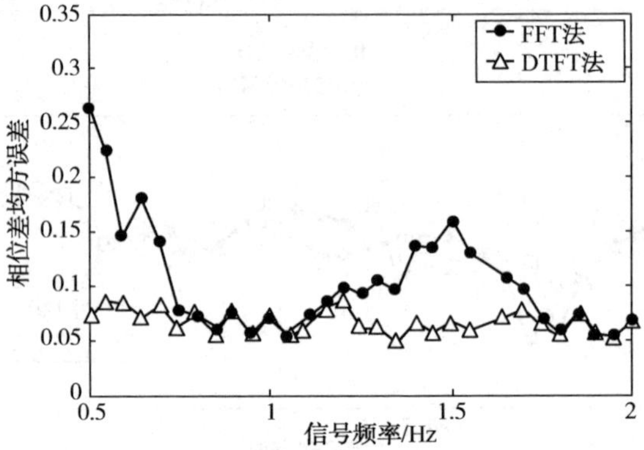

图 7.18　噪声背景下的相位差估计均方误差

（信号频率很低时）

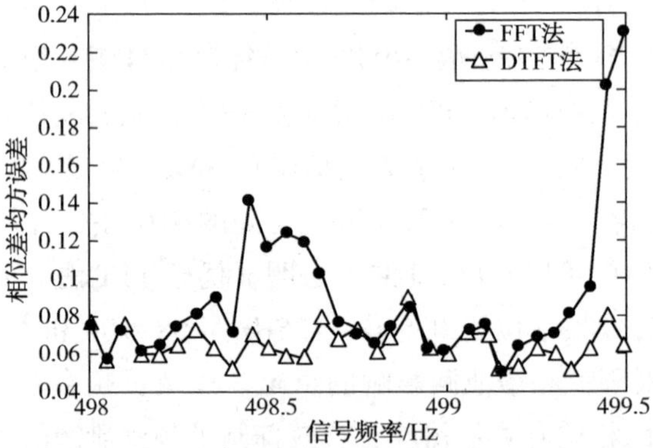

图 7.19　噪声背景下的相位差估计均方误差

（信号频率接近 Nyquist 频率时）

结合图 7.20~图 7.23 可以看出，多次互相关法和加 4 阶卷积窗 DTFT 法的相位差测量精度均明显好于 SGA 法。由分析可知，SGA 法存在收敛过程，难以选取合适的矩形窗长度和宽度，且存在大量冗余计算，计算量较大，实时性较差。加 4 阶卷积窗 DTFT 法计及了负频率成分的影响，计算相位差时选取的 $N=16$，使得该算法具有较好的动态性能，且算法中采用了滑动递推算法，进一步减少了算法的计算量，提高了算法的实时性。多次互相关法克服了非整周期采样的影响，可选取较小的相关长度来提高算法的动态性能，上述仿真中选取的 $N=2$。多次互相关法与加 4 阶卷积窗 DTFT 法相比，多次互相关法的计算量比加 4 阶卷积窗 DTFT 法的计算量大。

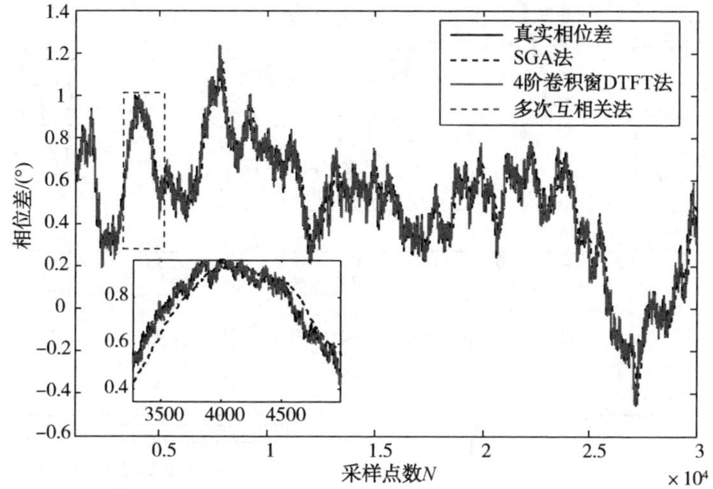

图 7.20　初始相位差为 0.6°时的相位差估计图

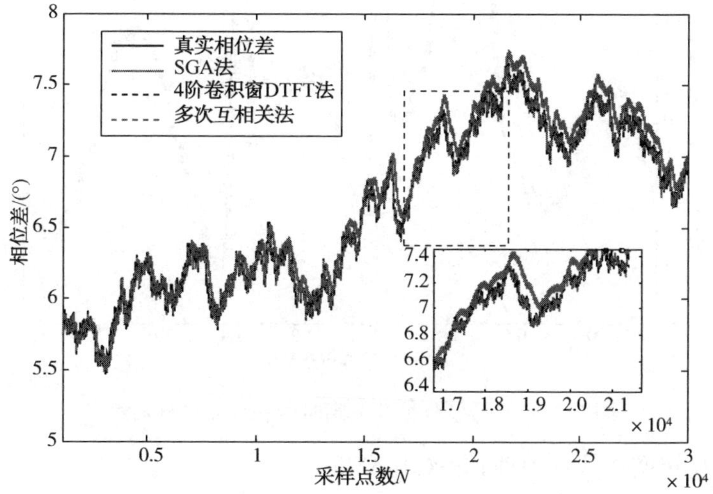

图 7.21　初始相位差为 6°时的相位差估计图

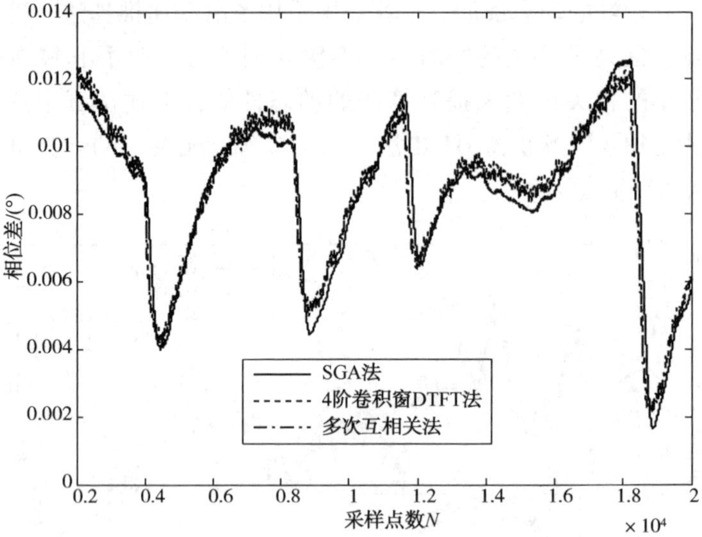

图 7.22　平稳小流量时的相位差估计曲线

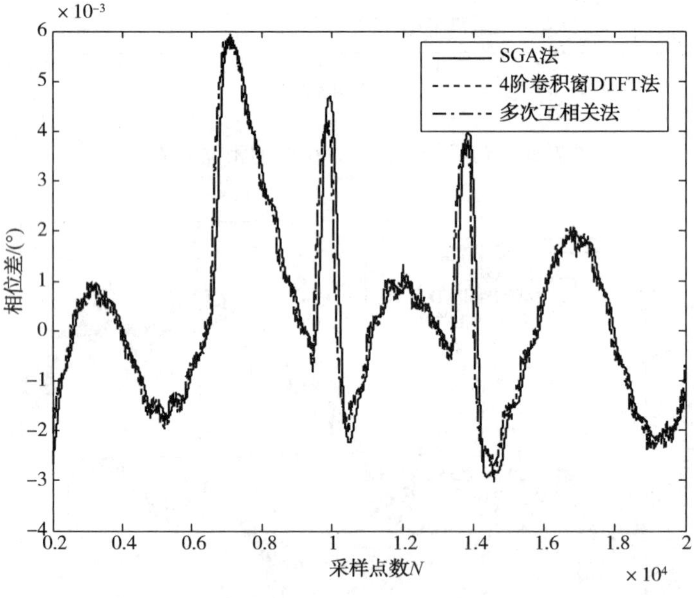

图 7.23　非平稳流量开关阀时的相位差估计曲线

（4）实复转换式法和 DTFT 法对比分析

时域方法的优点是物理意义明确、方法原理简单、计算方便、便于硬件实现，但存在易受干扰、计算复杂、计算量过大的问题。相比而言，频域方法具有测量精度较高、抗噪性能较强等优点。通过第 6 章分析可知，实复转换式法(6.3

节所述实复相减策略法)各方面性能要略优于其他设计方法。为此，将 6.3 节方法与所提的 DTFT 法、一般的 DTFT 法等用于实测数据验证对比分析，结果如图 7.24和图 7.25 所示。

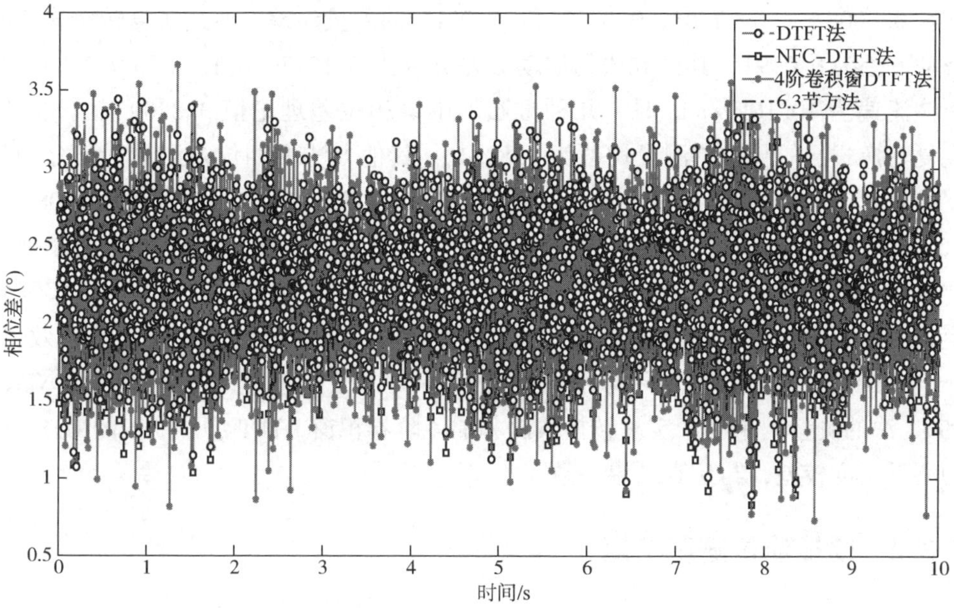

图 7.24　小流速时的相位差测量精度

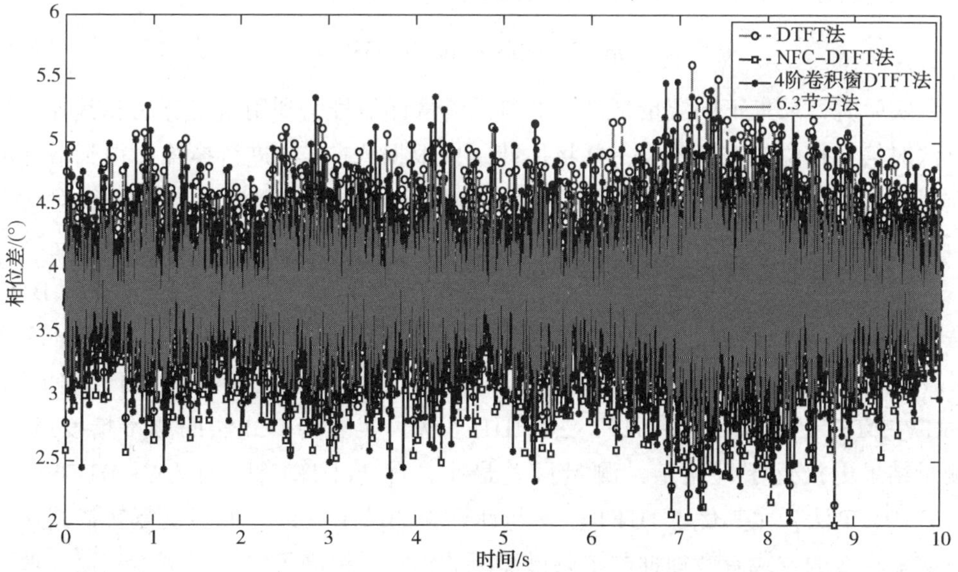

图 7.25　大流速时的相位差测量精度

当液体流速为 5. 88kg/min 时，几种算法均围绕相位差理论值 2. 2299°上下波动，实复转换式法的相位差测量均值为 2. 2291°，DTFT 法、NFC-DTFT 法和加 4 阶卷积窗 DTFT 法的相位差测量均值分别为 2. 3097°、2. 1577°和 2. 2310°，分别存在 0. 0008°、-0. 0798°、0. 0722°和-0. 0011°的测量误差。所述实复转换式法的波动方差为 0. 0991，其他方法的波动方差分别为 0. 1517、0. 1224 和 0. 2189。当液体流速为 10. 10kg/min 时，几种方法均围绕相位差理论值 3. 8209°上下波动，实复转换式法的相位差测量均值为 3. 8214°，其他方法的相位差测量均值分别为 3. 9606°、3. 7001° 和 3. 8213°，分别存在 - 0. 0005°、- 0. 1397°、0. 1208° 和 -0. 0004°的测量误差。实复转换式法的波动方差为 0. 1402，其他方法的波动方差分别为 0. 2455、0. 1792 和 0. 2785。可以看出，在跟踪相位差变化时，实复转换式法的测量均值更接近理论值，波动幅度最小，具有更好的相位差跟踪效果。4oCW-DTFT 法也具有很高的相位差测量精度，但测量结果波动较大，NFC-DTFT 法的测量结果差于实复转换式法和加 4 阶卷积窗 DTFT 法，一般的 DTFT 法的测量精度较差，与仿真结果一致。

7. 3. 2　质量流量测量结果

由科氏流量计的工作原理可知，液体的质量流量和振动信号间的相位差成正比，通过标定，本实验平台可用式(7. 1)来进行转换。

$$m=2.6596\cdot\Delta\hat{\theta}-0.0582 \tag{7.4}$$

实验时，采集不同流量条件下的科氏流量计信号，利用所述算法和其他几种算法对信号相位差进行测量，并将估计结果根据式(7. 4)进行换算，得到液体的质量流量，并以进口科氏流量计的显示数据为理论值，对测量结果进行对比分析，比较结果如表 7. 1 所示。

实复转换式法的平均绝对估计误差为 0. 07kg/min，而 DTFT 法、NFC-DTFT 法和 4oCW-DTFT 法的平均绝对测量误差分别为 0. 42kg/min、0. 30kg/min 和 0. 18kg/min。DTFT 法的测量效果较差，NFC-DTFT 法的测量效果优于 DTFT 法，4oCW-DTFT 法优于 NFC-DTFT 法和 DTFT 法。实复转换式法的测量精度最好，测量结果更接近于理论值，测量误差最小，优于 DTFT 法、4oCW-DTFT 法和 NFC-DTFT 法，尤其优于 DTFT 法，与计算验证结果一致。说明实复转换式法通过实复转换的方式有效地抑制了频谱泄漏的影响，提高了相位差测量精度，改善了科氏流量计的测量性能。

表 7.1 不同流量条件下的质量流量测量结果

序号	质量流量理论值/(kg/min)	质量流量测量值/(kg/min)				测量误差/(kg/min)			
		DTFT	NFC-DTFT	4oCW-DTFT	所述方法	DTFT	NFC-DTFT	4oCW-DTFT	所述方法
1	4.36	4.63	4.29	4.59	4.38	0.27	-0.07	0.23	0.02
2	5.88	6.11	5.74	5.74	5.91	0.23	-0.14	-0.14	0.03
3	8.50	8.83	8.22	8.62	8.44	0.33	-0.28	0.12	-0.06
4	10.10	10.68	9.92	10.36	10.23	0.58	-0.18	0.26	0.13
5	12.14	12.56	11.71	12.22	12.09	0.42	-0.43	0.08	-0.05
6	13.96	14.42	13.40	13.69	13.75	0.46	-0.56	-0.27	-0.21
7	16.84	17.52	16.39	16.69	16.83	0.68	-0.45	-0.15	-0.01
各算法的平均绝对误差/(kg/min)						0.42	0.30	0.18	0.07

7.4 小结

本章旨在验证书中前述相位差测量方法的有效性和实用性。介绍了课题组研制的科氏流量计实验平台，阐述了具体的实验方案及步骤，重点从仿真测试、离线测试对书中所述的相关法、相频匹配法、DTFT 法、FFT 法、实复转换式法等几种典型相位差测量方法的相位差估计结果进行了详细的分析比较。

研究可得出如下结论：

(1) 所述的几种典型相位差测量时域方法中，多次互相关法和相频匹配法精度相当，均具有较高的相位差测量精度，克服了相关法相位差测量受非整周期采样的影响，且动态性能较好。

(2) 所述的几种典型相位差测量频域方法中，DTFT 法和 FFT 法在计及负频率的基础上，均显著提升了相位差测量精度。相对而言，DTFT 法的普适性更强，在频率较低或接近 Nyquist 频率时，其相位差测量精度更高。

(3) 多次互相关法与加 4 阶卷积窗 DTFT 法的相位差测量精度相当，多次互相关法选取两个采样点即可进行相位差的计算，动态性能更好；加 4 阶卷积窗 DTFT 法计及了负频率成分的影响，可选取较小采样点数进行相位差的计算，并采用了滑动递推算法，其计算量更小。实复转换式法具有比多次互相关法与加 4 阶卷积窗 DTFT 法更稳定的相位差测量精度，测量效果更好。

(4) 仿真测试、离线测试均证实了本书所述的相位差测量方法是有效可行的。

附　　录

相位差测量的方法较多，实际工程应用中，综合算法软硬件实现、抗噪性、计算量等因素，每种方法都有其适合应用的场景和范围。为便于读者理解和运用，在前述章节已介绍方法原理和推导过程的基础之上，本章主要列出每章中的关键算法程序，以便于读者后续研究相关算法以及复现书中的所述内容。

1. 相关法相位差测量的主要程序

几种相关方法相位差测量的主要程序：

```
D=10：60；
times=10；
for k=1：length(D)
    DD=D(k)；
    for t=1：times
x01=x1(1001：1000+DD)；%x
x010=x10(1001：1000+DD)；%y
y01=y1(1001：1000+DD)；%x1
y010=y10(1001：1000+DD)；%y1
h01=h(1001：1000+DD)；%z
h010=h0(1001：1000+DD)；%z1
        C13=xcorr(x01，x010)；
        [MAG13，K13]=max(C13)；
        %第一段信号与参考信号2做互相关
        C14=xcorr(x01，y010)；
        [MAG14，K14]=max(C14)；
        %第二段信号与参考信号1做互相关
        C23=xcorr(x010，y01)；
        [MAG23，K23]=max(C23)；
```

```
%第二段信号与参考信号2做互相关
C24=xcorr(y01, y010);
[MAG24, K24]=max(C24);
C11=xcorr(x01, x01);
[MAG11, K11]=max(C11);
C22=xcorr(x010, x010);
[MAG22, K22]=max(C22);
C33=xcorr(h01, h01);
[MAG33, K33]=max(C33);
C44=xcorr(h010, h010);
[MAG44, K44]=max(C44);
phase11=atan(C14(K11)/C13(K11));%phase1-phase3
phase11_11(t)=phase11;%wenxian
phase33=acos(C13(K11)/sqrt(C11(K11)*C22(K22)));
phase33_33(t)=phase33;
%法2:
den1=C14(K11)-C23(K22);
num1=C24(K22)+C13(K11);
phase12_4=atan(den1/num1);
phase22_44(t)=phase12_4;
%法3:
C01=xcorr(x01, h01); C02=xcorr(y01, h010);
C03=xcorr(x01, h010); C04=xcorr(y01, h01);
C05=xcorr(x010, h01); C06=xcorr(y010, h010);
C07=xcorr(x010, h010); C08=xcorr(y010, h01);
den=(C03(K44)-C04(K33))*(C05(K33)+C06(K44))-(C01(K33)+C02(K44))*(C07(K44)-C08(K33));
num=(C01(K33)+C02(K44))*(C05(K33)+C06(K44))+(C03(K44)-C04(K33))*(C07(K44)-C08(K33));
phase12_2=atan(den/num);
phase22_22(t)=phase12_2;
%与真实相位差作比较
```

```
            phase12_ real_ 1=Q_ phase;
            phase12_ real(t)=phase12_ real_ 1;
        end
        MSE_ phase12_ 44(k)=sqrt(sum((abs(phase22_ 44)-abs(phase12_real)).^2)/t);
      MSE_ phase12_ 33(k)=sqrt(sum((abs(phase33_ 33)-abs(phase12_real)).^2)/t);
    MSE_ phase12_ 11(k)=sqrt(sum((abs(phase11_ 11)-abs(phase12_real)).^2)/t);
        MSE_ phase12_ 22(k)=sqrt(sum((abs(phase22_ 22)-abs(phase12_real)).^2)/t);
    end
```

2. 相频匹配法相位差测量的主要程序

```
%频率估计算法，x为采样信号，N为信号长度
for k=1: N-1
    for j=1: N
        R0(j)=0;
    end
    for n=1: N-k
        R0(n)=x(n) * x(n+k);
    end
    r0(k)=sum(R0);
end
for k=1: N-3
    for j=1: N
        R(j)=0;
    end
    for n=2: N-k-1
        R(n-1)=x(n) * x(n+k);
    end
    r(k)=sum(R);
end
```

```
for k=1: N-3
    rp(k)=r(k)-r0(k+2);
end
K1=round(N/3);
for k=1: N-1
    r2(k)=r0(k)/(N-k);
end
for k=1: K1
    dd(k)=(r2(k)+r2(k+4))*r2(k+2);
    cc(k)=(r2(k+1)+r2(k+3))*r2(k+2);
end
d=sum(dd);
c=sum(cc);
w1=acos((d+sqrt(d^2+8*c^2))/4/c);
for n=1: N-3
    a11(n)=rp(n)*rp(n);
    a12(n)=rp(n)*(N-n-2)*(n*sin(w1*n)-(n+2)*sin((n+2)*w1));
a22(n)=(N-n-2)*(n*sin(w1*n)-(n+2)*sin((n+2)*w1))*(N-n-2)*(n*sin(w1*n)-(n+2)*sin((n+2)*w1));
    b1(n)=rp(n)*(N-n-2)*(cos(w1*n)-cos((n+2)*w1));
b2(n)=(N-n-2)*(cos(w1*n)-cos((n+2)*w1))*(N-n-2)*(n*sin(w1*n)-(n+2)*sin((n+2)*w1));
end
A11=sum(a11);
A12=sum(a12);
A21=A12;
A22=sum(a22);
B1=sum(b1);
B2=sum(b2);
W=w1+(B1*A21-A11*B2)/(A12*A21-A11*A22);
end
```

3. 基于 DTFT 相位差测量的主要程序

极端信号频谱分析图 4.4 的主要程序如下：

```
%频谱分析中的谱线干涉现象
close all;
clear;
clc
N=2^5;
n=0: N-1;
N1=32*N;
f=2*(-N1: N1-1)/N1;
%极端低频时
w=0.03;
x=sin(2*pi*w*n);
x=fft(x, N1);
x=abs(x);
X=fftshift(x);
Y=zeros(1, 2*N1);
Y(1: N1)=x;
Y(N1+1: 2*N1)=x;
subplot(211)
plot(f, Y,'k')
set(gca,'XTick', -2: 2)
set(gca,'XTickLabel', {'-2π','-π','0','π','2π'})
xlabel('\ \ itω')
ylabel('| \ \ itX(e^j^ω) | ')
title('(a)')
gtext('A''')
gtext('A')
gtext('A''')
gtext('A')
%极端高频时
w=0.47;
x=sin(2*pi*w*n);
x=fft(x, N1);
```

```
x=abs(x);
X=fftshift(x);
Y=zeros(1, 2*N1);
Y(1: N1)=x;
Y(N1+1: 2*N1)=x;
subplot(212)
plot(f, Y,'k')
set(gca,'XTick', -2: 2)
set(gca,'XTickLabel', {'-2π','-π','0','π','2π'})
xlabel('\ \ itω')
ylabel('| \ \ itX(e^j^ω) | ')
title('(b)')
gtext('A'')
gtext('A')
gtext('A'')
gtext('A')
```

噪声条件下极端低频信号相位差估计的主要程序：

```
win=hanning(N,'periodic')';
window=rectwin(256)';
win1=conv(window, window)';
win2=conv(win1, win1)';
win4=[0 0 win2 0];
  window1=rectwin(512)';
win5=conv(window1, window1)';
win3=[0 win5'];
for m=1: length(q)
  f_ 0=q(m);
  yy=cos(2*pi*f_ 0*n/fs+fai_ 0); yy0=cos(2*pi*f_ 0*n/fs+fai_
00);
  for mm=1: M
    r1=randn(1, 10000); r2=randn(1, 10000);
    y=yy+B*r1(n+1); y0=yy0+B*r2(n+1);
```

```
%采用基于汉宁窗的陈奎孚法求 dk 和 f_ 1
Y=fft(y.*win); [a, b]=max(abs(Y(1: N/2)));
dk=sqrt(2*(2*real(Y(2))+Y(1))/(real(Y(2))-Y(1)))-(b-1);
f_ 1(mm)=(b-1+dk)*fd;
yk1=exp(-i*2*pi*n*(b-1)/N);              %计算(b-1)处的旋转因子
yk2=exp(-i*2*pi*n*f_ 1(mm)/fs);     %计算 f_ 1 处的旋转因子
%DTFT 法
yk=y.*yk2; yb=sum(yk);
yk=y0.*yk2; yb1=sum(yk);
dfai_ 3(mm)= angle(conj(yb)*yb1)*180/pi;            %计算相位差

%DTFT 法(考虑负频率成分)
y1=y.*win3; y10=y0.*win3;
yk=y1.*yk2; yb=sum(yk);
yk=y10.*yk2; yb1=sum(yk);
m1=imag(yb)/real(yb);              %求 tgθ1
m2=imag(yb1)/real(yb1);         %求 tgθ2
fai5=2*pi*(b-1+dk)/N; fai6=2*pi*(b-1+dk); fai7=1/2*fai6;
fai8=N/2;
m3=(fai8*sin(fai5))^4-(sin(fai7))^4;
m4=(fai8*sin(fai5))^4+(sin(fai7))^4-(N*sin(fai7)*sin(fai5))^2*
cos(fai6)*1/2;
m5=(N*sin(fai7)*sin(fai5))^2*sin(fai6)*1/2;
m6=(fai8*sin(fai5))^4+(sin(fai7))^4+(N*sin(fai7)*sin(fai5))^2*
cos(fai6)*1/2;
c1=m3*(m2-m1);
c2=m4+m5*(m1+m2)+m6*m1*m2;
dfai_ 4(mm)=atan(c1/c2)*180/pi;            %计算相位差
y=y.*win4; y0=y0.*win4;            %加矩形双窗
yk=y.*yk2; yb=sum(yk);
yk=y0.*yk2; yb1=sum(yk);
m1=imag(yb)/real(yb);              %求 tgθ1
```

```
        m2=imag(yb1)/real(yb1);        %求 tgθ2
        fai5=2*pi*(b-1+dk)/N; fai6=2*pi*(b-1+dk); fai7=1/4*fai6;
fai8=N/4;
        m3=(fai8*sin(fai5))^8-(sin(fai7))^8;
        m4=(fai8*sin(fai5))^8+(sin(fai7))^8-(fai8*sin(fai7)*sin(fai5))^4
*cos(fai6)*2;
        m5=(fai8*sin(fai7)*sin(fai5))^4*sin(fai6)*2;
        m6=(fai8*sin(fai5))^8+(sin(fai7))^8+(fai8*sin(fai7)*sin(fai5))^4
*cos(fai6)*2;
        c1=m3*(m2-m1);
        c2=m4+m5*(m1+m2)+m6*m1*m2;
        dfai_8(mm)=atan(c1/c2)*180/pi;          %计算相位差
    end
    mse_dfai3(m)=(mean(dfai_3)-dfai_0)^2+var(dfai_3);     %相位差 3
    mse_dfai4(m)=(mean(dfai_4)-dfai_0)^2+var(dfai_4);     %相位差 4
    mse_dfai8(m)=(mean(dfai_8)-dfai_0)^2+var(dfai_8);     %相位差 8
end
```

4. 基于 FFT 相位差测量的主要程序

噪声条件下极端低频信号相位差估计的主要程序：

```
win=hanning(N,'periodic')';
for n=1:N
    if n<=N/2
        win1(n)=n-1;
    else win1(n)=N-n+1;
    end
end
n=0:N-1; M=100;
for m=1:length(q)
    f_0=q(m);
  yy=cos(2*pi*f_0*n/fs+fai_0); yy0=cos(2*pi*f_0*n/fs+fai_
00);
  for mm=1:M
```

```
r1=randn(1, 10000); r2=randn(1, 10000);
y=yy+B*r1(n+1); y0=yy0+B*r2(n+1);
%采用基于汉宁窗的陈奎孚法求 dk 和 f_1
Y=fft(y.*win); [a, b]=max(abs(Y(1:N/2)));
dk=sqrt(2*(2*real(Y(2))+Y(1))/(real(Y(2))-Y(1)))-(b-1);
f_1(mm)=(b-1+dk)*fd;
yk1=exp(-i*2*pi*n*(b-1)/N);          %计算(b-1)处的旋转因子
yk2=exp(-i*2*pi*n*f_1(mm)/fs);      %计算 f_1 处的旋转因子
%FFT 法
yk=y.*yk1; yb=sum(yk);
yk=y0.*yk1; yb1=sum(yk);
dfai_1(mm)=angle(conj(yb)*yb1)*180/pi;          %计算相位差

%FFT 法(考虑负频率成分)
m1=imag(yb)/real(yb);              %求 tgθ1
m2=imag(yb1)/real(yb1);          %求 tgθ2
m3=sin(2*pi*(b-1+dk)/N); m4=sin(2*pi*(b-1)/N);
m5=cos(2*pi*(b-1)/N)-cos(2*pi*(b-1+dk)/N);
c1=m3*m4*(m2-m1);
c2=(m3^2+m5^2)*m1*m2-m4*m5*(m1+m2)+m4^2;
dfai_2(mm)=atan(c1/c2)*180/pi;          %计算相位差
y=y.*win1; y0=y0.*win1;          %加矩形双窗、加汉宁窗
yk=y.*yk1; yb=sum(yk);
yk=y0.*yk1; yb1=sum(yk);
dfai_3(mm)=angle(conj(yb)*yb1)*180/pi;          %计算相位差
yk=y.*yk2; yb=sum(yk);
yk=y0.*yk2; yb1=sum(yk);
%(矩形双窗，考虑负频率成分)
m1=imag(yb)/real(yb);          %求 tgθ1
m2=imag(yb1)/real(yb1);      %求 tgθ2
fai5=2*pi*(b-1+dk)/N; fai6=2*pi*(b-1+dk); fai7=1/2*fai6;
```

```
fai8=N/2;
        m3=(fai8 * sin(fai5))^4-(sin(fai7))^4;
        m4=(fai8 * sin(fai5))^4+(sin(fai7))^4-(N * sin(fai7) * sin(fai5))^2 *
cos(fai6) * 1/2;
        m5=(N * sin(fai7) * sin(fai5))^2 * sin(fai6) * 1/2;
        m6=(fai8 * sin(fai5))^4+(sin(fai7))^4+(N * sin(fai7) * sin(fai5))^2 *
cos(fai6) * 1/2;
        c1=m3 * (m2-m1);
        c2=m4+m5 * (m1+m2)+m6 * m1 * m2;
        dfai_ 4(mm)=atan(c1/c2) * 180/pi;
      end
    mse_ dfai1(m)=(mean(dfai_ 1)-dfai_ 0)^2+var(dfai_ 1);     %相位差 1
    mse_ dfai2(m)=(mean(dfai_ 2)-dfai_ 0)^2+var(dfai_ 2);     %相位差 2
    mse_ dfai3(m)=(mean(dfai_ 3)-dfai_ 0)^2+var(dfai_ 3);
    mse_ dfai4(m)=(mean(dfai_ 4)-dfai_ 0)^2+var(dfai_ 4);
    end
```

5. 实复转换式相位差测量的主要程序

基于解析解的相位差测量方法频率估计程序：

```
% x 为采样信号，N 为信号长度。
ws=2 * pi/N;
Fy=abs(fft(x));
[~, t]=max(Fy);
k0=t-1;
w=k0 * ws;
for b=1: 1
    for n=1: N-b
        sx0(b, n)=(x(n) * cos(b * w)-x(n+b))/(sin(b * w));
    end
    for n=N-b+1: N
        sx0(b, n)=(x(N-b)-x(N) * cos(b * w))/(sin(b * w));
    end
end
```

```
for n=1: N
    sx(n)=sum(sx0(1: 1, n));
end
y1(1,:)=x+i*sx;
Q=2;    %迭代次数
del(1)=0.001;
for q=1: Q
    for n=1: N
        x1(n)=y1(q, n)*exp(-i*2*pi*n*(k0+del(q)+0.5)/N);
        x2(n)=y1(q, n)*exp(-i*2*pi*n*(k0+del(q)-0.5)/N);
    end
    XX1=abs(sum(x1));
    XX2=abs(sum(x2));
    h=0.5*(XX1-XX2)/(XX1+XX2);
    del(q+1)=del(q)+h;
    w0(q)=del(q+1)*ws;
    W(q)=w+w0(q);
    for b=1: 1
        for n=1: N-b
            sx0(b, n)=(x(n)*cos(b*W(q))-x(n+b))/(sin(b*W
(q)));
        end
        for n=N-b+1: N
            sx0(b, n)=(x(N-b)-x(N)*cos(b*W(q)))/(sin(b*W
(q)));
        end
    end
    for n=1: N
        sx(n)=sum(sx0(1: 1, n))/1;
    end
    y1(q+1,:)=x+i*sx;
end
```

ww=W(Q);%信号频率

实复相减策略的相位差测量方法相位差估计程序:

```
% x1 和 y1 分别为上下游两路采样信号。
M=length(x1);
iterative=3;%迭代次数
x2=zeros(1, M);
x3=[x1, x2];
y2=[y1 x2];
N=length(x3);
ws=2*pi/N;
Fx=abs(fft(x3));
[~, t]=max(Fx);
k0=t-1;
w0=k0*ws;
x(1,:)=x3;
y(1,:)=y2;
Q=iterative;
del=0;
for q=1: Q
    for n=0: N-1
        XX(n+1)=x(q, n+1)*exp(-i*2*pi*n*(k0+del)/N);
        YY(n+1)=y(q, n+1)*exp(-i*2*pi*n*(k0+del)/N);
    end
    A(q)=(sum(XX))/N*2;
    AA(q)=conj(A(q));

    B(q)=(sum(YY))/N*2;
    BB(q)=conj(B(q));
    w=w0+del*ws;
    for n=0: N/2-1
        xx(n+1)=AA(q)*exp(-i*w*n);
        x(q+1, n+1)=x(1, n+1)-xx(n+1);
```

```
        yy(n+1)=BB(q) * exp(-i * w * n);
        y(q+1, n+1)=y(1, n+1)-yy(n+1);
    end
    for n=0: N-1
        x0(n+1)=x(q+1, n+1) * exp(-i * 2 * pi * n * (k0+del)/N);
        x1(n+1)=x(q+1, n+1) * exp(-i * 2 * pi * n * (k0+del+0.5)/N);
        x2(n+1)=x(q+1, n+1) * exp(-i * 2 * pi * n * (k0+del-0.5)/N);
    end
    X0=abs(sum(x0));
    X1=abs(sum(x1));
    X2=abs(sum(x2));
h=2/pi * atan(sqrt(2) * X0 * (X1-X2)/(4 * X1 * X2 * cos(pi/4/N)-sqrt(2)
* X0 * (X1+X2)));
    del=del+h;
end
ww=w0+del * ws;
fai1=atan(imag(A(Q))/real(A(Q)));
fai2=atan(imag(B(Q))/real(B(Q)));
fai=fai2-fai1;
if fai<0
    fai=fai+pi;
end
```

参 考 文 献

[1] 王晓，徐宝松．信息化条件下战时油料供应保障特点与对策[J]．军需物资油料，2011(2)：67-68.

[2] 涂亚庆，沈廷鳌，张海涛．基于重叠短汉宁窗 DTFT 算法的科氏流量计信号处理方法[J]．数据采集与处理，2013，28(1)：22-27.

[3] 牛鹏辉，涂亚庆，张海涛．科里奥利质量流量计的数字信号处理方法现状分析[J]．自动化与仪器仪表，2005(4)：1-3.

[4] Basse，N T. A review of the theory of Coriolis flowmeter measurement errors due to entrained particles [J]. Flow Measurement and Instrumentation，2014，37：107-118.

[5] Xing L C，Geng Y F，Hua C Q，et al. A combination method for metering gas-liquid two-phase flows of low liquid loading applying ultrasonic and Coriolis flowmeters [J]. Flow Measurement and Instrumentation，2014，37：135-143.

[6] Wang L J，Hu L，Lee K M，et al. Analytical magnetic field and driving force models based on measured boundary conditions for Industrial Coriolis Mass Flowmeters [J]. IEEE Transaction on Industrial Electronics，2012，59(12)：4753-4760.

[7] Masahiro kazahaya. A mathematical model and error analysis of Coriolis mass flowmeters [J]. IEEE Transaction on Instrumentation and Measurement，2011，60(4)：1163-1174.

[8] Ting'ao Shen，Yaqing Tu，Ming Li，et al. A new phase difference measurement algorithm for extreme frequency signals based on discrete time Fourier transform with negative frequency contribution [J]. Review of Scientific Instruments，2015，86(1)，015104：1-9.

[9] Freeman B S，Ashevillc N C，Digital phase locked loop signal processing for Coriolis mass flowmeter [P]. US：5804741，1998.

[10] Stephanie Enz，Thomsen，Jon Juel. Predicting phase shift effects for vibrating fluid-conveying pipes due to Coriolis forces and fluid pulsation [J]. Journal of Sound and Vibration，2011，330(21)：5096-5113.

[11] Stephanie Enz. Effect of asymmetric actuator and detector position on Coriolis flowmeter and measured phase shift [J]. Flow Measurement and Instrumentation，2010，21：497-503.

[12] P. M. Ramos，A. Cruz Serra. A new sine-fitting algorithm for accurate amplitude and phase measurements in two channel acquisition systems [J]. Measurement，2008，41(2)：135-143.

[13] 吴静，赵伟．适用于非同步采样的相位差准确测量方法[J]．电网技术，2006，30(7)：73-76.

[14] 郑胜峰，陈素明，狄金海，等．一种基于多重互相关的相位差测量新方法[J]．宇航计测技术，2012，32(1)：34-40.

[15] 张海涛，涂亚庆．基于 DTFT 的一种低频振动信号相位差测量新方法[J]．振动工程学

报，2007，20(2)：180-184.
[16] 邸书玉，石要武，孟亚男．正弦信号相位差估计的时域方法[J]．吉林化工学院学报，2001，18(4)：53-56.
[17] Shaswary E，Tavakkoli J，Xu Y. A new algorithm for time-delay estimation in ultrasonic echo signals[J]. IEEE Transactions on Ultrasonics Ferroelectricsand Frequency Control，2015，62(1)：236-241.
[18] 李建民，赵鹏，侯文，等．基于相关理论的相位差算法的误差研究[J]．中北大学学报(自然科学版)，2009，30(6)：616-619.
[19] Liang Y R，Duan H Z，Yeh H C，et al. Fundamental limits on the digital phase measurement method based on cross-correlation analysis[J]. Review of Scientific Instruments，2012，83(9)：095110.
[20] 沈廷鳌，涂亚庆，李明，等．数据延拓式相关的相位差测量方法及验证[J]．仪器仪表学报，2014，35(6)：1331-1337.
[21] Tu Y Q，Shen Y L，Zhang H T，et al. Phase and frequency matching-based signal processing method for Coriolis mass flowmeters[J]. Measurement Science Review，2016，16(2)：62-67.
[22] Liu Y Z，Zhao B. Phase-shift correlation method for accurate phase difference estimation in range finder[J]. Applied Optics，2015，54(11)：3470-3477.
[23] 刘玉周，赵斌．移相相关法计算相位差的研究[J]．激光技术，2014，38(5)：638-642.
[24] Maskell D L，Woods G S. The discrete-time quadrature subsample estimation of delay[J]. IEEE Transactions on Instrumentation and Measurement，2002，51(1)：133-137.
[25] So H C. A comparative study of two discrete-time phase delay estimators[J]. IEEE Transactions on Instrumentation and Measurement，2005，54(6)：2501-2504.
[26] Tu Y Q，Yang H Y，Zhang H T，et al. CMF signal processing method based on feedback corrected ANF and Hilbert transformation[J]. Measurement Science Review，2014，14(1)：41-47.
[27] Shen Y L，Tu Y Q. Correlation theory-based signal processing method for CMF signals[J]. Measurement Science and Technology，2016，27(6)：065006.
[28] Tu Y Q，Yang H Y，Zhang H T，et al. CMF signal processing method based on feedback corrected ANF and Hilbert transformation[J]. Measurement Science Review，2014，14(1)：41-47.
[29] 刘维来，赵璐，王克逸，等．基于希尔伯特变换的科氏流量计信号处理[J]．计量学报，2013，34(5)：446-451.
[30] 周继惠，曹青松，宋京伟．基于 Hilbert 变换的相位测量法与数字相关测相法的比较[J]．无损检测，2006，28(7)：341-343，354.
[31] 肖树妹，梅海平，钱仙妹，等．基于希尔伯特变换的湍流随机相位差解调算法研究[J]．光学学报，2011，31(7)：0701006.
[32] 林伟，蔡选宪．基于格型陷波器和 Hilbert 变换的科里奥利质量流量计信号处理方法[J]．电子器件，2014，37(1)：63-66.

[33] 杨辉跃，涂亚庆，张海涛，等. 一种基于SVD和Hilbert变换的科氏流量计相位差测量方法[J]. 仪器仪表学报，2012，33(9)：2101-2107.

[34] 胡爱军，安连锁，唐贵基. Hilbert-Huang变换端点效应处理新方法[J]. 机械工程学报，2008，44(4)：154-158.

[35] 程军圣，于德介，杨宇. Hilbert-Huang变换端点效应问题的探讨[J]. 振动与冲击，2005，24(6)：40-42，47.

[36] 郭明威，倪世宏，朱家海，等. 振动信号中HHT/EMD端点延拓方法研究[J]. 振动与冲击，2012，31(8)：62-66.

[37] Shen Y L, Tu Y Q, Chen L J, et al. Phase difference estimation method based on data extension and Hilbert transform[J]. Measurement Science and Technology, 2015, 26(9): 095003.

[38] 易鹏，涂亚庆，杨辉跃. 插值FFT和滑动DTFT的科氏流量计信号处理方法[J]. 计算机工程与应用，2013，49(5)：236-240.

[39] 傅中君，王建宇，周根元，等. 一种远程非同步的工频信号相位差测量方法[J]. 仪器仪表学报，2015，36(5)：1039-1046.

[40] 吴静，金海彬. 高准确度的相位差测量方法[J]. 中国电机工程学报，2010，30(13)：41-45.

[41] 张海涛，涂亚庆. 基于FFT的一种计及负频率影响的相位差测量新方法[J]. 计量学报，2008，29(2)：168-171.

[42] Tu Y Q, Zhang H T. Method for CMF signal processing based on the recursive DTFT algorithm with negative frequency contribution [J]. IEEE Transactions on Instrumentation and Measurement, 2008, 57(11): 2647-2654.

[43] Shen T A, Tu Y Q, Zhang H T. A novel time varying signal processing method for Coriolis mass flowmeter[J]. Review of Scientific Instruments, 2014, 85(6): 065116.

[44] Tu Y Q, Shen T A, Zhang H T, et al. Two new sliding DTFT algorithms for phase difference measurement based on a new kind of windows[J]. Measurement Science Review, 2014, 14(6): 350-356.

[45] 涂亚庆，李明，沈廷鳌，等. 计及负频率的DFT与DTFT相位差测量误差分析[J]. 振动与冲击，2015，34(20)：85-91.

[46] Svete A, Kutin J, Bobovnik G, et al. Theoretical and experimental investigations of flow pulsation effects in Coriolis mass flowmeters[J]. Journal of Sound and Vibration, 2015, 352: 30-45.

[47] 徐科军，徐文福. 基于正交解调的科里奥利质量流量计信号处理方法研究[J]. 仪器仪表学报，2005，26(1)：23-27，66.

[48] Ridder LV D, Hakvoort W B J, Dijk J V, et al. Quantification of the influence of external vibrations on the measurement error of a Coriolis mass-flow meter[J]. Flow Measurement and Instrumentation, 2014, 40: 39-49.

[49] 任德柱，邵高平，程娟. MIT 中的一种基于全相位的 IQ 正交相位解调算法[J]. 信息工程大学学报，2014，15(4)：447-452.

[50] 王选民，冯兴乐，屈八一. 基于标准频率相位均匀延迟的相位差测量研究[J]. 电子科技大学学报，2012，41(6)：881-884.

[51] Mohammadali G M，Mohsen M，Masoud K G. New Adaptive algorithm for delay estimation of sinusoidal signals with unknown frequency[J]. IEEE Transactions on Instrumentation and Measurement，2015：64(9)：2360-2366.

[52] Chakraborty M. A new adaptive filter for estimating and tracking the delay and the amplitude of a sinusoid[J]. IEEE Transactions on Instrumentation and Measurement，2010，59(11)：3049-3057.

[53] Chakraborty M，So H C，Zheng J. New adaptive algorithm for delay estimation of sinusoidal signals [J]. IEEE Signal Processing Letters，2007，14(12)：984-987.

[54] 王彩峰，张小凤，张光斌，等. 基于相干小波变换的信号相位差估计[J]. 计算机工程与应用，2015，51(6)：212-216.

[55] Steiglitz K，McBride L. A technique for identification of linear systems [J]. IEEE Transactions Automatic Control，1965，10(4)：461-464.

[56] Shen Y L，Tu Y Q. Correlation theory - based signal processing method for CMF signals [J]. Measurement Science and Technology，2016，27(6)：065006.

[57] 黄国兴. 基于频谱信息的脉冲序列有限新息率采样方法研究 [D]. 哈尔滨：哈尔滨工业大学，2019.

[58] Roy R，Kailath T. ESPRIT-estimation of signal parameters via rotational invariance techniques [C]. Advanced Algorithms and Architectures for Signal Processing I. International Society for Optics and Photonics，1986：83-89.

[59] 吴其生. 基于自相关序列的信号非圆化及在频率估计算法上的研究与应用[D]. 武汉：东南大学，2018.

[60] Pisarenko V F. The retrieval of harmonics from a covariance function [J]. Geophysical Journal of the Royal Astronomical Society，1973，33(3)：347-366.

[61] Händel P，Eriksson A，Wigren T. Performance analysis of a correlation based single tone frequency estimator [J]. Signal Processing，1995，44(2)：223-231.

[62] Rim E K，Hichem B，Roberto L V，et al. Frequency estimation of real-valued single-tone in colored noise using multiple autocorrelation lags [J]. Signal Processing，2010，90(7)：2303-2307.

[63] Qian F Y，Leung S，Zhu Y S，et al. Damped sinusoidal signals parameter estimation in frequency domain [J]. Signal Processing，2012，92(2)：381-391.

[64] 陈鹏，涂亚庆，李明，等. 基于迭代插值的实复转换频率估计算法[J]. 振动与冲击，2019，38(18)：35-39.

[65] Liang X H，Liu A J，Pan X F，et al. A new and accurate estimator with analytical expression

for frequency estimation [J]. IEEE Communications Letters, 2016, 20(1): 105-108.

[66] Aboutanios E. A modified dichotomous search frequency estimator [J]. IEEE Signal Processing Letters, 2004, 11(2): 186-188.

[67] Djurovic I, Simeunovic M, Djukanovic S, et al. A hybrid CPF-HAF estimation of polynomial-phase signals: detailed statistical analysis [J]. IEEE Transactions on Signal Processing, 2012, 60(10): 5010-5023.

[68] Çağatay C. A method for fine resolution frequency estimation from three DFT samples [J]. IEEE Signal Processing Letters, 2011, 18(6): 351-354.

[69] Çağatay C. Analysis and further improvement of fine resolution frequency estimation method from three DFT samples [J]. IEEE Signal Processing Letters, 2013, 20(9): 913-916.

[70] Orguner U, Çağatay C. A fine-resolution frequency estimator using an arbitrary number of DFT coefficients [J]. Signal Processing, 2014, 105(12): 17-21.

[71] Çağatay C. Fine resolution frequency estimation from three DFT samples [M]. Elsevier North-Holland, Inc. 2015.

[72] Fang L Y, Duan D L, Yang L Q. A new DFT-based frequency estimator for single-tone complex sinusoidal signals [C]. Military Communications Conference, 2012-Milcom. IEEE, 2013: 1-6.

[73] Yang C, Wei G. A noniterative frequency estimator with rational combination of three spectrum lines [J]. IEEE Transactions on Signal Processing, 2011, 59(10): 5065-5070.

[74] Chen P, Tu Y Q, Chen B X, et al. A new parameter estimation method for damped real-value sinusoidal signals in noise [J]. Measurement Science and Technology, 2019, 30: 125022.

[75] Fan L, Qi G Q. A new synthetic frequency estimation method of sinusoid based on interpolated FFT[C]. Fifth International Conference on Instrumentation and Measurement, Computer, Communication and Control. IEEE, 2016: 1725-1729.

[76] Fan L, Qi G Q. Frequency estimator of sinusoid based on interpolation of three DFT spectral lines [J]. Signal Processing, 2017, 144: 52-60.

[77] Aboutanios E, Mulgrew B. Iterative frequency estimation by interpolation on Fourier coefficients [J]. IEEE Transactions on Signal Processing, 2005, 53(4): 1237-1242.

[78] So H C, Chan Y T. Short-time frequency estimation of a real sinusoid [J]. IEICE Transactions on Fundamentals of Electronics Communications and Computer Sciences, 2005, 88(9): 2455-2459.

[79] Djukanović S. An accurate method for frequency estimation of a real sinusoid [J]. IEEE Signal Processing Letters, 2016, 23(7): 915-918.

[80] Ye S L, Kocherry D L, Aboutanios E. A novel algorithm for the estimation of the parameters of a real sinusoid in noise[C]. Signal Processing Conference. IEEE, 2010: 2271-2275.

[81] Ye S L, Sun J D, Aboutanios E. On the estimation of the parameters of a real sinusoid in noise [J]. IEEE Signal Processing Letters, 2017, 24(99): 638-642.

[82] 沈廷鳌. 科氏流量计信号频率跟踪方法及相位差算法研究[D]. 重庆：中国人民解放军后勤工程学院，2011.

[83] 牛鹏辉，涂亚庆，张海涛. 基于时变模型的科氏流量计信号处理方法与仿真[J]. 系统仿真学报，2008，20(6)：1585-1588.

[84] 刘凤新，简灿琴. 基于窄带滤波及分组 DTFT 的科氏流量计信号处理方法[J]. 计量技术，2009(4)：17-21.

[85] 李叶，徐科军，朱志海，等. 面向时变的科里奥利质量流量计信号的处理方法研究与实现[J]. 仪器仪表学报，2010，31(1)：8-14.

[86] 任建新，孙超，张鹏. 基于小波变换的科氏流量计降噪技术的研究[J]. 测控技术，2010，29(5)：90-92，96.

[87] 陈善文，喻道远，余国文，等. 互相关在科里奥利质量流量计中的应用[J]. 传感器技术，2005，24(11)：79-81，85.

[88] 杨俊，武奇生，孙宏琦. 基于相关法的相位差检测方法在科氏质量流量计中的应用研究[J]. 传感技术学报. 2007，20(1)：138-145.

[89] 仝猛，陈明. Coriolis 质量流量计中的相位差检测方法研究[J]. 测控技术，2001，20(1)：8-13.

[90] 杨俊，陈明，仝猛. 科氏质量流量计相位差检测方法研究[J]. 电子测量与仪器学报(增刊)，2004：965-977.

[91] Chen Kun, Zheng Dezhi, Fan Shangchun, et al. Novel coriolis mass flowmeter signal processing algorithms based on DFT and digital correlation [C]. ISIEA Penang, Malaysia, 2010: 56-60.

[92] Yang Jun, Zhao Xianhong. An improved correlation algorithm in Coriolis flow meter [C]. Second International Conference on Information Technology and Computer Science, 2010: 483-486.

[93] 徐科军，倪伟. 一种科里奥利质量流量计的信号处理方法[J]. 计量学报，2001，22(4)：254-258.

[94] Goertzel G. An algorithm for the evaluation of finite trigonometric series [J]. American Math Monthly, 1958, 65: 34-45.

[95] 倪伟，徐科军. 基于时变信号模型和归一化格型陷波器的科氏流量计信号处理方法[J]. 计量学报，2007，28(3)：243-247.

[96] 徐科军，倪伟，陈智渊. 基于时变信号模型和格型陷波器的科氏流量计信号处理方法[J]. 仪器仪表学报，2006，27(6)：596-601.

[97] 张海涛，涂亚庆. 计及负频率影响的科里奥利质量流量计信号处理方法[J]. 仪器仪表学报，2007，28(3)：539-544.

[98] 牛鹏辉，涂亚庆，张海涛. 格型陷波器和 DTFT 科氏流量计信号处理方法[J]. 重庆大学

学报(自然科学版), 2007, 30(11): 54-58.

[99] 沈廷鳌, 涂亚庆, 张海涛, 等. 基于自适应陷波器的科氏流量计信号频率跟踪新方法[J]. 电子测量与仪器学报, 2010, 24(12): 1119-1124.

[100] Loetwassana W, Punchalard R, Koseeyaporn J, Wardkein P. Unbiased plain gradient algorithm for a second - order adaptive IIR notch filter with constrained poles and zeros [J]. Signal Processing, 2012, 90(8): 2513-2520.

[101] Punchalard R, Lorsawatsiri A, Loetwassana W, et al. Direct frequency estimation based adaptive algorithm for a second-order adaptive FIR notch filter [J]. Signal Processing, 2008, 88(2): 315-325.

[102] Punchalard R. Mean square error analyses of unbiased modified plain gradient algorithm for second-order adaptive IIR notch filter [J]. Signal Processing, 2012, 92(11): 2815-2820.

[103] Rim E K, Sofiane C, Roberto L V, et al. Closed-form real single-tone frequency estimator based on a normalized IIR notch filter [J]. Signal Processing, 2010, 90(6): 1905-1915.

[104] Punchalard R, Lorsawatsiri A, Koseeyaporn J, Wardkein P, Roeksabut A. Adaptive IIR notch filters based on new error criteria [J]. Signal Processing, 2008, 88(3): 685-703.

[105] Regalia P A. A complex adaptive notchfilter [J]. IEEE Signal Processing Letters, 2010, 17(11): 937-940.

[106] Minh T, Victor D B. Adaptive notch filter with time frequency tracking of continuously changing frequencies [C]. IEEE International Conference on Acoustics, Speech and Signal Processing, 2008. ICASSP, Las Vegas, NV, United states, 2008: 3557-3560.

[107] Punchalard R, Koseeyaporn J, Wardkein P. Direct frequency estimation based Kalman adaptive IIR notch filter: State-Space Approach [C]. IEEE Region 10 Annual International Conference, Proceedings/TENCON, Hong Kong, China, 2006: 1-4.

[108] Liao H E. Two discrete oscillators based adaptive notch filters(OSC ANFs) for noisy sinusoids [J]. IEEE Transactions on Signal Processing, 2005, 53(2): 528-538.

[109] Johansson A T, White P R. Instantaneous frequency estimation at low signal-to noise ratios using time-varying notch filters [J]. Signal Processing, 2008, 88(5): 1271-1288.

[110] Dragos N V. A fast, simple and accurate time-varying frequency estimation method for single-phase electric power systems [J]. Measurement, 2012, 45(5): 1331-1333.

[111] Derby H V, Bose T, Rajan S. Method and apparatus for adaptive line enhancement in Coriolis mass flow meter measurement [P]. US Patent: 5555190, 1996.

[112] 德比 H V, 波西 T, 等. 用于科里奥利质量流量计的自适应信号增强方法和装置[P]. CN 1190461A, 1998.

[113] 倪伟, 徐科军. 一种改进的基于时变信号模型的科里奥利质量流量计信号处理方法[C]. 第五届全球智能控制与自动化大会, 杭州, 2004: 3787-3790.

[114] 倪伟, 徐科军. 基于时变信号模型的科里奥利质量流量计信号处理方法[J]. 仪器仪表

学报，2005，26(4)：358-364.

[115] 倪伟．科里奥利质量流量计数字信号处理方法的研究[D]．合肥：合肥工业大学，2004.

[116] Nishimura S，Aloys M. A lattice-based adaptive IIR notch filter and its application to FSK demodulation [J]. ISCAS，2000，3(5)：586-589.

[117] Regalia P. An improved lattice-based adaptive IIR notch filter [J]. IEEE Trans. Signal Processing，1991，39(9)：2124-2128.

[118] 倪伟，徐科军．基于归一化格型陷波器的科里奥利质量流量计信号处理方法[J]．应用科学学报，2005，23(2)：160-164.

[119] J. E. Cousseau，P. S. R. Diniz. New adaptive IIR filtering algorithms based on the Steiglitz-McBride method [J]. IEEE Trans. Signal Processing，1997，45(5)：1367-1371.

[120] 苏奋华．基于时变信号模型的科氏流量计信号处理方法及驱动控制研究[D]．重庆：中国人民解放军后勤工程学院，2010.

[121] 涂亚庆，苏奋华，沈廷鳌，等．自适应陷波器的科氏流量计信号频率跟踪方法[J]．重庆大学学报(自然科学版)，2011，34(10)：147-152.

[122] M. Ta，H. Thai，V. DeBrunner. Stochastic search methods to improve the convergence of adaptive notch filter [C]. IEEE 13th DSP workshop，2009：78-83.

[123] Huiyue Yang，Yaqing Tu，Haitao Zhang. A frequency tracking method based on improved adaptive notch filter for coriolis mass flowmeter [C]. The Fourth International Conference on Measuring Technology and Mechatronics Automation(ICMTMA)，Applied Mechanics and Materials，2012：450-456.

[124] 沈廷鳌，涂亚庆，张海涛，等．一种改进的自适应格型陷波频率估计算法及其收敛性分析[J]．振动与冲击，2013，32(24)：28-32.

[125] 杨辉跃，涂亚庆，张海涛，等．振动信号频率跟踪的反馈修正自适应陷波器法[J]．振动与冲击，2014，33(3)：145-149.

[126] 沈廷鳌，涂亚庆，李明，等．数据延拓式相关的相位差测量方法及验证[J]．仪器仪表学报，2014，35(6)：1331-1337.

[127] 梁志国，孙璟宇．信号周期的一种数字化测量方法[J]．仪器仪表学报，2003，24(4)：195-198.

[128] 沈廷鳌，涂亚庆，李明，等．基于相关原理的相位差测量改进算法及应用[J]．振动与冲击，2014，33(21)：177-182.

[129] 沈廷鳌，涂亚庆，刘翔宇，等．基于相关原理的非整周期信号相位差测量算法[J]．仪器仪表学报，2014，35(9)：2153-2160.

[130] 纪跃波，秦树人，汤宝平．零相位数字滤波器[J]．重庆大学学报(自然科学版)，2000，23(6)：4-7.

[131] 吴国乔，王兆华．基于全相位的零相位数字滤波器的设计方法[J]．电子与信息学报，

2007，29(3)：574-577.

[132] D. L. Maskell, G. S. Woods. The discrete - time quadrature subsample estimation of delay [J]. IEEE Transaction on Instrumentation and Measurement, 2002, 51(1): 133-137.

[133] 沈廷鳌，涂亚庆，张海涛，等．一种改进的自适应格型陷波频率估计算法及其收敛性分析[J]．振动与冲击，2013，32(24)：28-32.

[134] 张海涛．计及负频率影响的相位差测量方法及其应用基础研究[D]．重庆：中国人民解放军后勤工程学院，2006.

[135] 毛育文，涂亚庆，张海涛，肖玮．计及负频率影响的频谱分析方法及研究进展[J]．电测与仪表，2011，48(5)：27-32.

[136] 毛育文，涂亚庆，肖玮，杨辉跃．离散密集频谱细化分析与校正方法研究进展[J]．振动与冲击，2012，31(11)：112-119.

[137] 沈廷鳌，涂亚庆，张海涛，等．科氏流量计的时变信号处理方法[J]．重庆大学学报(自然科学版)，2013，36(4)：93-98，109.

[138] Ting'ao Shen, Yaqing Tu, Haitao Zhang. A novel time varying signal processing method for Coriolis mass flowmeter [J]. Review of Scientific Instruments, 2014, 85(6), 065116: 1-6.

[139] 丁康，谢明，杨志坚．离散频谱分析校正理论与技术[M]．北京：科学出版社，2008：58-65.

[140] 罗鹏飞，张文明，刘忠，等译．统计信号处理基础：估计与检测理论[M]．北京：电子工业出版社，2011.

[141] 沈廷鳌，涂亚庆，张海涛，等．基于矩形双窗的滑动 DTFT 高精度相位差测量算法[J]．中南大学学报(自然科学版)，2015，46(2)：554-560.

[142] 张介秋，梁昌洪，陈砚圃．基于卷积窗的电力系统谐波理论分析与算法[J]．中国电机工程学报，2004，24(11)：48-52.

[143] 黄纯，江亚群．谐波分析的加窗插值改进算法[J]．中国电机工程学报，2004，24(11)：48-52.

[144] 谢明，丁康，频谱分析的校正方法[J]．振动工程学报，1994，7(2)：172-179.

[145] Zhang Fusheng, Geng Zhongxing, Yuan Wei. The algorithm of interpolating windowed FFT for harmonic analysis of electric power system[J]. IEEE Transactions on Power Delivery, 2001, 16(2): 160-164.

[146] 齐国清，贾欣乐．插值 FFT 估计正弦信号频率的精度分析[J]．电子学报，2004，32(4)：625-629.

[147] 丁康，江利旗．离散频谱的能量重心校正法[J]．振动工程学报，2001，14(3)：354-358.

[148] 刘进明，应怀樵．FFT 谱连续细化分析的傅里叶变换法[J]．振动工程学报，1995，8(2)：162-166.

[149] 陈奎孚，焦群英，高小榕．提高 FFT 谱质量的一种新方法[J]．振动、测试与诊断，

1998，18(3)：216-220.

[150] Ding Kang, Xie Ming. Phase difference correction method for phase and frequency in spectral analysis[J]. Mechanical Systems and Signal Processing, 2000, 14(5): 835-843.

[151] 丁康，朱小勇．适用于加各种窗的一种离散频谱相位差校正法[J]．电子学报，2001，29(7)：987-989.

[152] 齐国清，贾欣乐．基于DFT相位的正弦波频率和初相的高精度估计方法[J]．电子学报，2001，29(9)：1164-1167.

[153] 丁康，朱小勇，谢明．离散频谱综合相位差校正法[J]．振动工程学报，2002，15(1)：114-118.

[154] Zhu Limin, Li Hanxiong, Ding H. Noise influence on estimation of signal parameter from the phase difference of discrete Fourier transforms[J]. Mechanical Systems and Signal Processing, 2002, 16(6): 991-1004.

[155] 丁康，钟舜聪．通用的离散频谱相位差校正方法[J] 电子学报，2003，31(1)：142-145，2003.

[156] 齐国清．FMCW液位测量雷达系统设计及高精度测距原理研究[D]．大连：大连海事大学，2001.

[157] 齐国清．利用FFT相位差校正信号频率和初相估计的误差分析[J]．数据采集与处理，2003，18(1)：7-11.

[158] 胡广书．数字信号处理——理论、算法与实现[M]．北京：清华大学出版社，2003.

[159] 陈奎孚，张森文，郭幸福．消除负频率影响的频谱校正[J]．机械强度，2004，26(1)：25-28.

[160] 陈鹏，涂亚庆，李明，等．基于迭代插值的实复转换频率估计算法[J]．振动与冲击，2019，38(18)：35-39.

[161] Chen Peng, Tu Yaqing, Li Ming, et al. A new frequency estimation method for real signal in noise [C]. 2019 IEEE 3rd International Conference on Electronic Information Technology and Computer Engineering(EITCE 2019), Xiamen, 2019: 5-9.

[162] Chen Peng, Tu Yaqing, Li Ming, et al. A real-to-complex conversion phase difference estimation method for coriolis mass flowmeter signal[C]. 2019 International Conference on Communications, Information System and Computer Engineering(CISCE 2019). Nanjing, 2019: 280-284.

[163] 陈鹏，涂亚庆，刘言，等．相减策略的实复转换式参数估计算法[J]．振动与冲击，2020，39(21)：211-216.